建筑现象学

第二版

PHENOMENOLOGY OF ARCHITECTURE

Second Edition

沈克宁　著

中国建筑工业出版社

我们通过情绪的感受性和灵敏度来感知气氛。

……

什么是气氛？请读一段我在笔记本中写下来的，为大家提供我所试图表述的思想："我在这里，坐在阳光下。一个在阳光下显得十分美丽的宏伟、高大拱廊。那个广场为我提供了一个全景——住宅的立面，教堂，纪念物，身后是咖啡店的墙，不多不少的人们，花市，阳光，十一点钟，广场的对面在阴影中，令人愉悦的蓝色。不同声域的奇妙噪声：邻近的对话，广场上的脚步声，踏在石头上的声音，鸟语声，人群中传来有节制的低语声，没有汽车、没有发动机声，偶尔从某个建筑工地传来的噪声。我在想象开始的节假日使人们走得更为缓慢。两个修女——我们现在回到现实中，不仅是我在想象——在空中挥动着她们的手……"

什么使我感动？所有的事物，事物自身、人、空气、噪声、声音、呈现的材料、肌理、还有形式——那些我能欣赏的形式。还有什么使我感动呢？我的情绪，我的感觉，坐在那里时充斥着我的那种期望感觉。这不禁使我想起柏拉图那句名言："美在观者"，也就是所有的都在我自身。但是我做了一个实验：将广场取走，感觉就不再一样。当然，这是一个简单的实验：拿走广场，感觉消失。没有了那个广场的气氛，就不可能有那些感觉。这很有逻辑性，人们与物体和对象互动。作为一个建筑师，这正是我经常面对和处理的。事实上，这正是我的激情之所在。

——彼得·卒姆托（Peter Zumthor）

目录

导论

❶ E. Relph. Place and Placeless-ness.London: Pion, 1976.

❷ Yi-Fu Tuan. Topophilia: A Study of Environment Perception Prentice-Hall. 1974.

❸ Yi-Fu Tuan.Space and Place. London: Edward Arnold, 1977.

❹ E. Relph. An Enquiring into the Relations Between Phenomenology and Geography. Canadian Geographer 14.

❺ Yi-Fu Tuan. Geograph, Phenom-enology and the Study of Human Nature. Canadian Geographer.

❻ E. Relph. Geographical Exper-iences and being-in-the-world: The Phenomenological Origins of Geography// D. Seamon and R. Mugerauer eds.. Dwelling, Place and Environment. NY: Columbia University Press, 1989.

❼ D. Seamon and R. Mugeraure eds.. Dwelling, Place & Environment NY: Columbia University Press, 1989.

❽ D. Seamon, Architecture, Exper-ience, and Phenomenology: Toward Reconciling Order and Freedom// R. Ellis. Berkeley: Center for Environment Design Research, University of California, Berkeley. 1990.

❾ D. Seamon ed. Dwelling, Seeing and Design: Toward A Phenomenological Ecology. Albany: State University of New York Press, 1993.

❿ D. Seamon. The Phenomenological Contribution to Environment Psychology. Journal of Environmental Psychology, 1982（2）.

D. Seamon. Phenomenology and Vernacular Lifeworlds// D. G. Saile ed..Architecture in Cultural Change.Kansas: School of Arc-hitecture, University of Kansas. 1986.

D. Seamon. Humanistic and Phenomenological Advances in Environmental Design. The Humanistic Psychologist, 1989, 17.

建筑现象学研究起步较晚、历史较短，有关的著述自20世纪70年代末陆陆续续地发表和出版，到80～90年代著作和论文已达一定的规模，其中绝大多数是研究论著。有关建筑现象学的研究较早开展于人文地理学对环境和人地关系的研究。在人文地理研究中，一批学者在地理学科中开辟出人地和环境的新领域，他们的研究逐渐将人文地理的领域拓广到人文环境、区域和城市规划、景观乃至建筑领域。该领域有一些较重要的著作，如雷尔夫（Edward Relph）的《场所和无场所性》❶，段义孚（Yi-Fu Tuan）的《场所倾向、环境知觉的研究》❷和《场所与空间》❸以及雷尔夫的论文《有关现象学与地理学关系之探究》❹，段义孚的论文《地理学、现象学和人类性质的研究》❺。有关地理和环境的现象学研究主要讨论人类的（地理）经验与"存在于世"（being-in-the-World）的关系。有关人文地理学中现象学讨论的概要可见雷尔夫的《地理经验和存在于世：地理学的现象学根源》❻。

在将人文地理和环境研究中的现象学方法引进建筑研究的过程中，西蒙（David Seamon）起了一定的作用。西蒙是堪萨斯州立大学建筑系教授，还是《环境和建筑现象学通讯》的主编。早年他曾受过系统的行为地理和环境心理的教育和训练，后转向建筑，尤其致力于建筑和环境现象学的研究。他主编了两部著作，第一部是与他人合编的《住所、场所和环境》❼。该著作于1985年由荷兰海牙现象学会马丁·尼基霍夫（Martinus Nijuff）出版公司出版，1989年由哥伦比亚大学出版社再版。在这部著作中，体现了西蒙所具有的地理、环境研究、环境心理和行为以及建筑知识。该著作分别从地理和环境，环境和场所，场所和住所等几部分进行讨论，分别邀请采用现象学思想的地理学家、哲学家、心理学家和建筑理论研究者进行论述。由于这些不同学科的作者考虑着同样的问题：环境、场所和人，采用着同样的哲学方法，因此整部集子较为全面地展现了现象学在讨论人类的"生活世界"时的重要意义。

80年代末，西蒙短期访问加利福尼亚大学伯克利分校并在该校的环境设计研究中心主持的"人与环境理论系列"中发表《建筑、经验和现象学：走向重新调和秩序和自由》❽后，他又邀请几位建筑、地理和环境研究工作者编集了《居住、观察和设计：走向现象学的生态学》❾。该著作于1993年由纽约州立大学出版。此外，西蒙还发表了《现象学对环境心理的贡献》、《现象学和民间生活世界》、《现象学和环境行为研究》、《环境设计中的解释学和现象学进展》❿等论文，不过影响不是很大。

雷尔夫、段义孚，以至西蒙等人的研究采用现象学讨论人地关系、环境等与建筑有关的问题，但他们主要是将文化地理作为研究对象，从建筑学角度观察，则显得过于宏大。

比西蒙起步要早，对建筑现象学研究更为深刻和透彻的是诺伯格-舒尔茨（C. Norber-Shulz）。在建筑理论领域，系统地讨论建筑现象学的著作是他于1980年出版的《场所精神——走向建筑的现象学》[1]和1985年出版的《居住的概念》[2]两书。这两部书与他的另两部著作《建筑中的意向》和《存在、建筑、空间》[3]组成了他的理论系列。这几部著作虽然各自独立，但在思想上却有着连贯性，尤其是《存在、建筑、空间》、《场所精神》和《居住的概念》这三部著作，第一部受存在主义哲学影响，后两部则受到海德格尔哲学（存在主义现象学）对"此在"探究的强烈影响。

此外，美国城市理论家凯文·林奇（Kevin Lynch）自20世纪70年代就开始重视环境对"直接感觉"的影响。他的所谓"直接感觉"是通过眼、耳、鼻和肌肤来感受的，感官质量则是对一个场所的视、听、闻等感觉的综合。他认为环境质量的社会重要性经常被忽视和否定[4]。他采用城市环境心理学中探讨知觉的方法和理论进行研究。虽然他的这些研究并没有刻意采用现象学理论，但其探讨的主题和涉及的范畴与建筑现象学讨论的问题有关。曾任耶鲁大学建筑学院院长的查尔斯·穆尔（Charles W. Moore）在1977年出版的《身体，记忆和建筑》一书中强调身体和记忆在建筑感知和体验中的重要性。从1960年以来，直到他去世之前，穆尔一直在建筑设计和建筑教育界强调建造前先要理解人们如何体验建筑。他认为身体最为重要和根本，但在现代建筑设计和对建筑形式的理解中，身体并没有成为人们考虑的中心[5]。曾在丹麦哥本哈根皇家艺术学院任建筑学教授的拉斯姆森（Steen E. Rasmussen）在20世纪50年代中期具有远见地写出了对建筑现象学发展有着影响的《体验建筑》[6]一书。他和穆尔的著作都强调身体以及各种知觉对建筑和空间的体验。这两部著作虽然没有明确提出建筑现象学这个术语，但对当代建筑知觉现象学讨论的贡献是不容置疑的。

自20世纪80年代末以来，建筑现象学理论的讨论在建筑设计理论和设计实践中有了长足的进展，成为一种具有影响的建筑理论。这一领域的代表是哥伦比亚大学建筑系教授斯蒂文·霍尔（Steven Holl）。1989年，霍尔的作品集《锚固》（Anchoring）[7]出版，在该作品集的绪论中，霍尔阐述了他在建筑设计中所采用的现象学思想。在霍尔的现象学实践的前期，其设计思维有很大一部分根植于存在现象学中有关"定居"（定向与认同）的思想，这种思想转化为设计哲学就成为对建筑"锚固"的探索。大约在1991~1992年间，在阅读了梅洛·庞蒂的《知觉现象学》后，霍尔的现象学哲学发生了转向，开始走向知觉的建筑现象学[8]。在此阶段，他与帕拉斯玛（J. Pallasmaa）一起讨论在建筑设计理论中进行知觉现象学研究的可能性。1994年，他与帕拉斯玛和佩雷斯-戈迈斯（A.

[1] C. Norberg-Schulz, Genius Loci: Toward A Phenomenology of Architecture（New York: Rizzoli, 1980）。

[2] C. Norberg-Schulz. the concept of Dwelling. New York: Rizzoli, 1980.

[3] C. Norberg-Schulz. Existence, place. New York: Rizzoli, 1980.

[4] Kevin Lynch. Managing the Sense of a Region. Cambridge, MIT Press, 1991.

[5] Kent C. Bloomer and Charles W. Moore. Body, Memory, and Architecture. New Haven and London: Yale University press, 1977:9.

[6] Rasmussen, Steen Eiler. Experiencing Architecture. Cambridge, MIT Press, 1957.

[7] Steven Holl. Anchoring .New York: Princeton Architectural Press, 1989, 1991: 9-12.

[8] 见霍尔为帕拉斯玛的《肌肤之目》所写的序。Juhani Pallasmaa, The Eyes of the Skin, Architecture and the Senses. Wiley-Academy, 2005. 也是在1992前后，台湾的季铁男先生出版了他的《建筑现象学导论》。

❶ Steven Holl. J. Pallasmass. A. Perez-Gormez. Questions of Perception-Phenomenology of Architecture. Architecture and Urbanism, 1994 -7.

❷ Juhani Pallasmaa.The Eyes of the Skin, Architecture and the Senses. Wiley-Academy, 2005. 该书系根据该作者于1996年出版的《肌肤之目》和1994年的《建筑七觉》而成。

❸ Peter Zumthor. Thinking Architecture. Trans. Maureen Oberli-Turner. Baden: Lars Muller, 1998.

❹ Peter Zumthor, Atmospheres: Architectural Environments Surrounding Objects. Basel: Birkhauser, 2006.

❺ Dan Huffman.Architecture Studio. Cranbrook Academy of Art 1986-1993.New York: Rizzoli, 1994.

❻ Rafael Moneo. theoretical Anxiety and Design Strategies in the Work of Eight Contemporary Architects.Cambridge/London: MIT Press, 2004: 201-202.

Perez-Gomez）合著的《知觉的问题 ——建筑的现象学》❶由日本的A+U作为特集出版。在书中，霍尔系统地阐述了对建筑的知觉领域，即建筑现象问题的思考，并用自己的作品作为补充，设计思想与设计实践从此合二为一了。2005年帕拉斯玛根据十年前发表的不同著作集结起来的《肌肤之目——建筑和感觉》❷出版，这是一本在建筑领域呼唤对体验的现象学范畴加以重视的著作。帕拉斯玛和霍尔等人的著作促使建筑师们进行反思。2006年，卒姆托（Peter Zumthor）的《氛围》（Atmospheres）❸一书出版，该书共讨论了9个建筑主题：气氛、真实的魅力、材料的对比性、空间之音、周围之物、空间的温度、亲密性的层次、物体上的光线等，他以叙述性手法和现象学思想对这些主题进行了思考。该书与他于1998年出版的《冥思建筑》（Thinking Architecture）❹一样，都是讨论建筑现象学的经典之作。自20世纪80年代以来，卒姆托在建筑设计和著作中成功地以现象学思想探索了建筑空间与材料的触觉和感知领域。

帕拉斯玛认为，在建筑教育、设计思维、建筑批评中有一种强烈的重视觉而压制其他感觉的倾向，他担心由此导致建筑和艺术中感觉和感官质量的消失。他高兴地看到，在1996年完成《肌肤之目》一书仅仅十余年后，在建筑体验、建筑设计和教育中对感觉体验的重视已经十分明显，将身体作为知觉、思想和意识中心，感觉在表达、存贮、处理感官反应和思想上的重要性也已经得到肯定。现象学思考方式在建筑设计中也已受到广泛重视，这不仅仅表现在霍尔和帕拉斯玛那里，而且还呈现在其他建筑师的实践中，例如丹尼尔·里伯斯金（Daniel Libeskind）在设计讨论中也使用现象学观点。1986~1993年接任里伯斯金任匡溪（或可称克兰布鲁克）艺术学院建筑系主任的丹·霍夫曼（Dan Hoffman），更是在建筑教学中根据梅洛-庞蒂的知觉现象学思想进行身体与环境互动的实验。❺瑞士建筑师卒姆托（Peter Zumthor）和葡萄牙建筑师西扎（Alvaro Siza）的作品所显现的现象学精神更是十分强烈。西班牙建筑师、哈佛大学前任建筑系主任拉菲尔·莫尼奥在《理论悬念和设计策略》一书有关西扎的一章中说："我们被西扎的作品所征服，是因为意识到我们得以以个人和私密的方式来进行建筑的现象学体验。他的作品所产生的那种实在印象激励人们将那种被西扎处理和使用材料的手法所激发的触觉能力和潜力投入到建筑实践中去"。❻

帕拉斯玛和霍尔讨论的知觉建筑现象学与诺伯格-舒尔茨和西蒙等人的场所现象学的侧重点和理论基础不同。帕拉斯玛和霍尔是从建筑知觉、体验和设计的角度，以梅洛·庞蒂的知觉现象学为理论基础，从建筑和空间知觉入手的建筑现象学。诺伯格-舒尔茨和西蒙的建筑现象学是从建筑理论研究的角度，以海德格尔的存在现象学为理论基础的学术研究。

值得注意的是凯蒂·奈斯比特（Kate Nesbitt）在她所编辑的《建立建筑理论的一种新议题》❶中的第九章"意义和场所的现象学"中所收录的四篇文章（诺伯格-舒尔茨两篇，帕拉斯玛和弗兰姆普敦各一篇），都是根据海德格尔现象学有关场所和存在的讨论引发的思考，原因当然主要在于在她编辑该书时，有关梅洛-庞蒂的知觉现象学在建筑领域的研究才刚刚开始，尚未引起人们的重视，不过在此书出版之时的1996年，霍尔的《锚固》（1988）及霍尔、帕拉斯玛和佩雷斯-戈麦斯的《知觉的问题》（1994）都已出版，该书没有收入其中的任何一篇，似乎显得守成有余，而魄力不足。另一方面，由于霍尔的建筑设计声望自20世纪90年代以来如日中天，人们讨论建筑现象学时似乎只谈霍尔从梅洛-庞蒂那里引发的知觉现象学。其实，霍尔的建筑现象学的前期是从场所的"锚固"入手的，也就是从海德格尔的"存在"现象学入手的，人们只要回到他的成名之作《锚固》一书，就可得其踪迹。

现象学（Phenomenolgy）原词来自希腊文，意为研究外观、表象、表面迹象或现象的学科。与现象学运动有关的哲学家不少，如布兰坦诺（Franz Brentano）、马克斯·舍勒（Max Sheler）、罗曼·英加顿（Roman Ingraden）、马塞尔（G. Marcel）、萨特（Jean-Paul Sartre），最重要的则是胡塞尔（Edmund Husserl）、海德格尔（Martin Heidegger）和梅洛-庞蒂（Maurice Merleau-Ponty）。

19~20世纪德国哲学家、现象学之父胡塞尔，将意识放在哲学思考的中心并发展了一种方法，用这种方法可以同时展示思想的结构和内容。这是一种纯粹的"描述性"方法，而非理论性的，也就是说，它不借助科学和哲学的任何理论建构来描述世界是以何种方式的意识揭示自己的。胡塞尔认为使用这种方法可以将纯粹的世界展现在人们面前。他称这种世界为"自然"的（或真实的）出发点，也就是未被哲学和科学影响和侵蚀的人们所经历的"日常生活世界"（Lived World）。这个"自然出发点之世界"（World of Natural Stand-point）是科学和哲学的开端，任何其他世界均植根于其中，建立于其上，但无法代替或损害它。对人类来说，最终仅有自然出发点之生活世界是真实可靠的。

海德格尔是胡塞尔的同事，又是胡塞尔的学生，但他考虑的问题与胡塞尔不同。胡塞尔的现象学还原声称是为了重新发现事物的某些特征。海德格尔则对将现象学还原方法用在更为深刻的问题，即存在自身上感兴趣。

1930年，现象学中心从德国逐渐转移到法国。法国现象学派的代表人物梅洛-庞蒂，其主要著作《知觉现象学》对建筑现象学的影响很大。对梅洛·庞蒂来说，现象学观照首先在于试图观察和描述所体验到的世界，在观察和描述过程中应不带入任何科学解释和加减，不

❶ Kate Nesbitt, ed.. Theorizing a New Agenda for Architecture An Anthology of Architectural Theory 1965-1995. New York: Princeton Architectural Press, 1966.

带入任何哲学偏见。其次，现象学观照在于试图说明人们与现象的接触，尤其是将观照转向世界以及该世界所呈现之处——心智这个受体之间的关系。知觉是梅氏哲学之主体。他认为知觉是构成知识的最基本层次，因此对知觉的研究必须位于其他层面，例如文化，尤其是科学之上。

梅洛-庞蒂的知觉现象学试图探寻呈现在人们面前，位于科学解释之前的对世界体验的基本层次。知觉是人们得以接近这个层次的特殊功能。因此，现象学的主要任务就是尽可能具体实在地去观察和描述世界是如何展现在知觉面前的。这样，梅氏知觉现象学是感知世界的现象学，而非主动感知的现象学。在《知觉现象学》的导言中，他提示人们需要回到"感知的生活世界现象"（the Phenomena of the Perceived Life World）。梅氏认为阻碍这种回归的是两种"传统偏见"：一是"经验主义"（Empiricism），二是"唯理智论"（Intellectualism）❶。

建筑现象学研究的各家虽然侧重不同，但从其思想取向上来看，大体可以分为两种：一种是采用海德格尔的存在主义现象学，另一种采用的是梅洛-庞蒂的知觉现象学。前一领域的代表是诺伯格-舒尔茨，主要是纯学术理论研究；后一领域的主要代表是斯蒂文·霍尔和帕拉斯玛，他们侧重于实践性的建筑理论。从表面上看，这两种建筑现象学走向并没有涉及胡塞尔。但无论是海德格尔，还是梅洛-庞蒂的现象学都以胡塞尔现象学的基本思想方法，即"还原"（Reduction）为基石❷。胡塞尔的"还原"通过有条理的过程，可以使人们将自己置于"先验范畴"（Transcendetal Spher）内。在这个范畴内，人们可以排除任何偏见，按照事物的本来面目来观察感受它们，也就是说转变一种态度、一种观察事物的观点。按照现象学家科克曼斯（J.J. Kockelmans）的说法，胡塞尔的现象学还原（Phenomenological Reduction）包括三部分：

第一，现象学还原在严格意义上被称作一种对"存在""加括号"的步骤。

第二，从文化的世界还原到人们直接体验的世界。

第三，先验还原引导人们从现象世界的"我"到"先验的主体性"。❸

但是，在现象学的后来发展中，尤其是现象学大家海德格尔和梅洛-庞蒂的著作中，第一和第三条都没有被采用，因此，第二条是"还原"的本质，是核心❹。胡塞尔自己则在巴黎讲演中为"还原"作了直截了当的解释："还原"意味着"回到事物自身"。❺对胡塞尔来说，"还原"是防止各种解释、假设和现象自身不定性的方法。"还原"不断通过对越来越多的事物加上"括号"而达到一个极高的抽象层次，从而获得世界和存在的自然本质。

❶ Herbert Spiegelberg.The Phenomenological Movement:A Historical Introduction 1982.

❷ 缪朴教授认为："如果要对上面介绍的3位现象学家之间的关系作一总结，我们可以说，海德格尔将胡塞尔的'无私利的旁观者'改造成了一个以实现自己目的为中心的行动者，而梅洛-庞蒂则为海德格尔的有目的的但没有身体的漂浮存在赋予了一个身体。"参见：缪朴.现象学与建筑理论//载彭怒,支文军,戴春编.《现象学与建筑的对话》.上海：同济大学出版社，2009：119.

❸ J. Kockelmans. Phenomenology, The Philosophy of Edmund Husserl and it's Interpretation. New York: Anchor Books, 1967.

❹ Herbert Spiegelberg. The Context of the Phenomenological Movement. Hague: Martinus Nijhoff. 1981.

❺ 胡塞尔在巴黎讲演中认为"还原"意味着"回归到事物的本质"，也就是说是防止各种解释、假设和现象自身不定性的方法。"还原"通过不断地给世界上越来越多的事物加上"括号"而达到一个很高的抽象层次，从而最终获得世界和存在的自然本质。见：E. Husserl. The Paris Lectures. The Hague: Martinus Nijhoff, 1975.

胡塞尔的现象学对建筑研究最具启发意义的是其将立足点定在人类生活中最基本和本质的日常"生活世界"上，抛弃一切科学、哲学的"成见"和"偏见"，将意识集中在纯粹现象和人们在生活中直接感受和经验的事物上，从而把握住事物的本质。在建筑研究中较为突出地将现象学思想转化为具体的建筑探讨的有两个领域，一是"场所"和"场所精神"，二是建筑和空间知觉。

建筑现象学强调人们对建筑的知觉、体验和真实的感受与经历。它的出现与成型首先是对近现代以来，尤其是西方工业革命以来建筑、城市和空间中融入的资本主义政经循环（尤其是资本循环和生产消费）的一种批判。在庞大的资本主义经济机器和生产消费循环中，建筑、城市与空间失去了其生活体验的作用。列斐伏尔（Henri Lefebvre）的《空间的生产》❶一书透彻地分析了近现代以来空间是如何进入这种循环的。塔夫里（Manfredo Tafuri）的《建筑和乌托邦：设计和资本主义的发展》对相似的问题也进行了精辟的分析❷。此外，现象学建筑思想对后现代主义建筑思想也持批判态度。后现代建筑思想以及与其同时出现的建筑符号学认为建筑是有意义的，无论这种意义是建筑师表达的，还是建筑在特定关联域中产生的意义，或是因商业、政治、社会等因素而来的象征、隐喻或联想。这就是说，建筑表现了一种并不从建筑自身衍化来的意义，建筑成为一种表现其他内容（意义）的工具。用符号学或结构主义理论来表达就是建筑与意义成为一种能指/所指的关系。一种一一对应不可分离的关系。建筑现象学观点则认为如果建筑具有意义，那么建筑所述说的或我们称之为意义的东西并不独立于它自身的"在"，它不能表达另外的意义。它的"意义"只是它自身以及人们对位于那里的那种存在方式的一种直接体验。这种直接体验并不与其他任何政治、社会和历史文脉相关联。人们所体验到的建筑就是此时此地的建筑和其场所自身。建筑的体验与那种由文字表达和传输的体验不同。在文字中，字形自身是它所呈现出来的现象，但在字构成意义的同时，人们对字形自身的感受和体验消失了。这样，字形所构成的意义将人们对字形自身的感受和体验终止了。文字中的这种情况是人们所期待的，在建筑中则不是。如果将建筑比作文字，那就会失去对建筑、场所及其构成的整体环境的真实把握，这是建筑现象学所反对的。

其实，将建筑作为一种表现某种"意义"的系统并非始自后现代。在古代和传统社会中，人们认为建筑象征着宇宙的秩序（即一种价值、道德、宗教和意义的系统）。西方将建筑作为一种系统的学科来对待相对较早，从维特鲁威起就认为建筑具有象征性。自法国建筑师杜兰（J.Durand）及法国大革命以来，一部分建筑师开始认为应将建筑作为一种"无意义"的对象来对待，或至少将建筑限定在一种相对

❶ Henri Lefebvre.The Production of Space. Translated by Donald Nicholson-Smith. Oxford & Cambridge, Blackwell, 1991.

❷ Manfredo Tafuri. Architecture and Utopia Design and Capitalist Development. Cambridge, the MIT Press, 1976.

的自我参照系统中来看待，也就是不将建筑系统外的意义和价值系统带入自主的建筑系统。20世纪现代艺术运动充分发展了这种观点，其典型代表是塞尚的艺术作品。塞尚在他的绘画中抛弃了对作为现实主义和表现主义基石——外在形式的重视。他的眼光不再是对世界的一种纯摄像关系，不再是对外形的观察。正像梅洛-庞蒂指出的那样，呈现在塞尚面前的世界已不再是那种通过透视表现所呈现的世界。相反，它是画家通过将注意力集中在视物上，世界中的事物对画家呈现出来的那种方法。塞尚采用这种方法是为了获得一种新的真实——体验的真实之奥秘。佩雷斯-戈麦斯（A. Perez-Gomez）在《建筑的空间：作为表现和呈现的意义》❶一文中认为，建筑不仅仅是意义的载体，因为如果是那样便意味着意义可以转换到另一个载体上。可是，作品意义存在的现实在于，意义仅简简单单地在那里。佩雷斯-戈麦斯采用的是解释学大家伽达默尔的观点。伽达默尔认为意义的创造并不像人们想象的那样是由人特意创造的。佩雷斯-戈麦斯用现象学思想来进一步阐述建筑的意义，他认为艺术品和建筑并不是简单地表达"某种"意义，艺术和建筑使得意义呈现其自身。艺术品和建筑呈现了某种仅能在特殊情状中存在的意义，重要的是世界以及对世界的体验主宰着人们。他认为建筑的呈现和表现力量与对意义的替换和复制无关。这种呈现和表现的能力将建筑、艺术品与其他技术产品相区别。他说："建筑的这种特性得以抵制那种纯粹概念上的掌握，抵抗纯粹的概念化。它与那种可以从概念上理性地复原的终极意义无涉。确切地说，建筑作品将其意义保留在作品自身中。它不是那种说着某事，却给人以另外一种理解的那种象征或比喻。作品所表述的仅能在作品自身中发现。作品所要表述的虽然依靠语言但又超出语言。在建筑作品中去体验和参与具有瞬时变化的特征，这种体验和参与是最重要的。"由此可见，知觉的建筑否定建筑传达某种外在意义的作用，而强调对建筑的直接体验和感受，由此确立了人们对建筑的体验、感受和经历的绝对权威。

　　帕拉斯玛的《建筑七觉》和《肌肤之目》，霍尔的《锚固》和《知觉的问题——建筑的现象学》，卒姆托的《氛围》和《冥思建筑》等著作娓娓道来，讲述和谈论的都是一些与身体、知觉和体验直接相关的问题，这些著作似乎没有艰深和系统的理论，却与具体的生活世界息息相应。一直有感于他们的写作、叙事和论述方式，只是近来重读《知觉现象学》，尤其是其前言时才醒悟，原来他们的叙事结构和论述问题的方式都受到了梅洛-庞蒂的影响。梅洛-庞蒂说现象学只能被一种现象学方法理解。他的《知觉现象学》的展开方式是以现象学诸主题在生活中自发联系的方式来建立起它们之间的联系的，这就是他的现象学方法。因此，本书的体例也采用这种方法，对建筑现象学诸主题进行讨论，在生活、知觉和体（经）验的讨论中建立起它们之间的联系。

❶ A. Perez-Gomez.The Space of Architecture: Meaning as Presence and Representation. Questions of Percetion - Phenomenlogy of Architecture. Architecture and Urbanism, 1994-7. 有关佩雷斯-戈麦斯等人的现象学研究，可参见：丁力扬.现象学和建筑学师承关系图解//影烁，支文军，戴春编.现象学与建筑的对话.上海：同济大学出版社，2009.

第一章

场所：建筑的场所与生活的世界

建筑与情景不可分。与音乐、绘画、雕塑、电影和文学不同，一个（不动的）营建与一个场所的体验交织在一起。建筑的场所不仅是其观念的佐料，它还是物质和形而上学的基础。

观念和现象的交织发生在建筑实现之时。营建之前，建筑的时间、光线、空间和物质的形而上学的骨架是无序的。这时构成的情状还是开放的：体、线、面和比例等待着被激发。当场所、文化、纲领给定，某种秩序、某种想法就有可能形成。但是，这时的想法还只是一种概念。

——霍尔

1. 海德格尔的场所论

❶ Martin Heidegger. The Question Concerning Technology and Other Essays. trans. William Lovitt. New York: Harper & Row, 1977.

❷ Martin Heidegger. Building, Dwelling, Thinking. Poetry, Language Thought. NY: Harper and Row, 1971.

海德格尔关注技术对文化的影响，他在《有关技术的思考》❶中对技术对文化和社会的影响作了精辟的论述，成为具有深远影响的著作。他认为每个时代都要在漫长的历史轨道中面对自己的命运，因此历史是不同时代的人们在历史中选择的而非决定的。这样，他从根本上与实证论者分道扬镳。对海德格尔来说，人和人们的活动总是"在世"的，人们的存在是"存在于世"。人们通过与世界上的事物的关系来解释人们的活动和对人们有意味的事物。在《建居思》中，他阐明了有边界领域（场所）的地形学概念，并用这个概念反对无边界城市和无限定空间的发展倾向。他认为应该有机地将人类的各种机制结合进地形地貌中，从而抵制那种以快速发展为终极目的的倾向。对他来说，工业技术破坏环境并不是他的主要关注点，他所关注的是技术具有转变任何事物的能力❷。为了反对机器时代的生产和消费哲学，海德格尔与胡塞尔一样，试图使人们恢复到"事物自身"的现象学呈现上。采用这种心态和方法，不仅得以赋予事物以统一性和事物的要旨，而且可以使人们了解该事物给予人们特殊感觉状态的来源：颜色、坚硬度、体积、共鸣。这就是现象学所强调的"本质在事物中"。

《建居思》主要阐述了建筑与定居的关系，尤其是界定了"（定）居"（dwelling）的概念。定居与营建紧密相联。那么营建意味着什么？海德格尔认为，在古英文和德文中，"营建"的意思就是定居，也就意味着在一个场所中停留。虽然"营建"的真正意义，即"定居"已经丧失，但是营建这个词中有关"定居"的遗痕仍保存在德文的"邻里"这个词中。"邻里"这个词的词源意义是"近邻"或"邻居"（也就是住在/定居在邻近的人，或附近的居者）。因此，"（营）建"实际上是"（定）居"，而"营建"在德文中作为动词的所有意味就是定居，住所其实就是定居的场所。因此，去建造也就是去定居。海德格尔认为"营建"这个古老的词汇是"存在"之所属。你我的定居方式是存在于世的方式，它决定着作为你的你和作为我的我。你之所以是你和我之所以为我是定居方式的不同造成的。"营建"这个词告诉我们人不可能超出他所定居的能力和限度之外。同时，"营建"这个词也有保护、抚育和耕作的意味。与耕作相比，营建就是建造。因此，营建的两种模式：作为耕作的营建和作为造起一座大厦的营建都是普遍意义上的营建，也就是定居。保护和养育意义上的营建并不制造任何事物。定居是由耕作和建造活动组成的。后来，这些活动便取代了营建的定居的本意，而成为营建现在的意义……定居和营建的关系犹如手段与结果的关系。但是仅仅考虑这种手段与结果的关系，人们也许会失去一些更本质的关系，因为营建并不仅仅是一种走向定居的手段和方法，营建自身就是去定居。作为定居的营建也就是作为在世的存在保留在我们的日常经验中[1]。在后来的发展中，营建之"定居"的原始意义被"培养"和"建造"等意义所取代，"营建"的定居意义退居幕后并逐渐失落。从表面上看，这不过是文字意义的变化，但海德格尔认为实际上有更重要的内容隐藏在背后，那就是定居不再作为人类的存在而被体验，定居不再被认为是人类存在的一个基本特征。

　　应该认识到重要的是人们并不因为建造而定居，人们因为定居而营建。因此，营建就包括三个意义：

　　（1）营建实际上就是定居。

　　（2）定居是人类在世的态度和方法。

　　（3）作为定居的营建展示为培养生长之物的营建和构筑建筑的营建[2]。

　　海德格尔在《人，诗意地栖居》中认为人的定居和栖居应该是富有诗意的。荷尔德林的诗《人，诗意地栖居》在海德格尔眼里就是"诗使得我们得以定居"。那么，人们是通过什么方式来获得定居场所的呢？海德格尔的回答是：通过营建。导致我们定居的诗意创造就是一种营建[3]。

　　海德格尔在《建居思》中还提出了定居中的天、地、人、神四要素和四要素的"四位一体"概念。他认为天、地、人、神的四位一体是指当我们提到四项中的任何一项，实际上它已经包含其他三项。例如当我们谈到大地，我们同时也就想起了其余三项（天、神、人），只不过我们对这种四位一体习以为常并且不加思索。天、地、人、神四要素的"四位一体"是那样的本质和自然，它是内在于人类的生存状态和方式的。这种四位一体的不可分隔性是人类存在于世的特殊方式，这种存在方式是通过"定居"而获得的。人类通过定居而进入四位一体，人是以保护四位一体的本质存在和显现的方式定居的。定居与天、地、人、神四要素的内在关系中的天、地、人三项是自明的，不用多加解释，而四要素中"神"这一要素的本质在当代社会和某些文化系统中的重要性已经逐渐失去，但是它在传统社会中的重要性是不容置疑的。我们将在后面的章节中讨论在环境中"定居"的"神性"要素的重要性和所采用的几种"神性"定居手段。

　　海德格尔还提出了"建造是以什么方式属于定居的呢"的问题，并对

[1] Martin Heidegger.Building, Dwelling, Thinking. Poetry, Language Thought. NY: Harper and Row, 1971: 146-147.

[2] 同上: 148.

[3] 海德格尔. 海德格尔存在哲学. 孙周兴等译. 北京: 九州出版社, 2004: 262.

这个问题进行了回答。他说："这个问题的答案使我们澄清了建造在作为定居的本质理解时，它究竟是什么。我们把建造限定在建造物的意义上来探求：什么是建造物？一座桥梁将成为我们反思的样本。"

图1　桥景与地景（颐和园）

"桥梁横跨河流……它并不是连接了已有的河岸。河岸之所以成为河岸，是因为桥梁横跨了河流，是因为有了桥梁才有了可跨越的河岸，是因为有了桥梁才使两岸相向延伸。河岸也不是作为平地上的两条带子无动于衷地沿河延伸。通过河岸，桥梁给河流带来河岸后面的地景，它使河、岸、地互为邻居。桥梁使大地在河边聚集成地景"❶（图1）。

"无疑，桥之为物全由它自己，因为桥以这样的方式聚集四位一体以至于它容许为之有一场地，但只有那些自己本身就是一种地点的东西，才能使一场地成为空间。地点，在桥出现在那里之前并不存在。在桥架起之前，沿着小河有许多可以被占据之点，正因为桥的关系，其中之一被证实成为地点。所以，不是桥预先达到一个地点然后矗立在那里；相反，是因为桥才使一个地点显现出来。桥是一种物，它聚集四位一体，但它以这样的一种方式聚集，即让四位一体具有场地。地点性和方式则由这场地确定，并甚而提供空间。"❷

空间与场所不可分割，讨论场所，自然也要讨论空间。现代主义建筑运动以来，建筑理论的讨论一直将空间作为建筑设计所处理的主要对象，现代建筑设计成为空间设计的艺术。也就是说，空间是第一位的，场所是第二位的。那么，海德格尔是怎样看待空间的呢？他是从"室"开始进行讨论的，他认为室本质上是由空间塑造的，室限定了空间的界限。成室之空间总是由地点的性质所聚拢，因此空间的存在来自于地点。他提出了"地点与空间的关系是什么，人与空间的关系又是什么"的问题。海德格尔用桥的例子来回答这些问题。他说："桥是一个地点。作为一个物体，它提供了一个容纳天地人神的空间。我们日常经历的空间是由地点提供的。在桥所存在的空间中，包含许多离桥远近不等的场所。这些场所可以被当作一些位置来对待，这些位置之间的距离是可测量的。距离是空泛抽象的位置，由位置形成的空间是一种独特的空间。在拉丁语中，距离的意思就是中介空间或间隔。一旦空间被当作间隔，桥就表现为某位置的某

❶ 海德格尔. 建居思. 陈伯冲译. 建筑师.

❷ 同上：84.

物，而这位置可以在任何时候由其他什么东西来占据，甚至只需一个记号来替代"。[1]在上面这段话中，海德格尔提出了人们所经历的日常空间，也就是生活空间的存在是由场所和地点决定的。因此，地点和场所是首要和根本的，空间只有通过场所和地点才具有其生活的特性和存在的立足点。这样，场所和地点就具有了存在和本体论上的首要性。不仅如此，海德格尔还阐明了如果仅仅将空间作为间隔和距离来加以对待，也就是说将"空间"作为空泛和抽象的"位置"来对待，那么空间中具体的建筑物便可以由其他建筑物，甚或一个符号来代替。这样，特定地点的特定建筑就失去了其独特性、地方性和存在性。

　　海德格尔认为对作为间隔的空泛和抽象的空间进行进一步抽象，便使其成为"延展空间"和"抽象空间"。他说："更有甚者，单纯的高、宽、深可以从作为间隔的空间中抽象出来，这样的抽象，我们将它表示为纯粹三维的组合，而由这种组合形成的空间也不再是由距离决定的了，它不再是间隔，而只是延展。作为延展的空间还可以进一步地抽象为分析代数关系。由这种关系形成的空间是一种维数任意组合的可能性（的）纯数学结构。由这种数学方式形成的空间可以称作'抽象空间'，但在这个意义上，这种抽象空间里没有具体空间和场所，我们从中找不到任何地点，即桥这类物体。与之相对比的是，地点提供的空间总是存在着作为间隔的空间，而在这间隔中依次又有作为纯延展的空间。在任何时候，间隔和延展总能对事物以及事物间按照距离、跨度、方向定出空间的可能性并计算其大小。但是事实上它们（是）适应于任何具有延展性的东西。所以，根本上说，不能将可用数学方法量得的大小数据作为具体空间和地点的性质的基础"。[2]在这里，海德格尔明确地指出分析和数学化的抽象空间不是具体的生活空间的基础，场所和地点才是具体的、有生命力的生活空间之基础。人们每天经过的具体空间是由地点提供的，具体空间的性质来自于特定地点和场所中建造的特定之物。如果人们留意地点与具体空间、具体空间与抽象空间之间的关系，人们就获得了有助于思考人与空间之间关系的线索，因此，海德格尔说："人与地点以及通过地点与空间的关系根植于定居"。[3]

　　通常情况下，每当谈及人与空间之关系，听起来似乎总是人是一方，空间是另一方。海德格尔则认为："空间并不是与人相对立的东西，它既不是一种外在的客体，也不是一种内在体验。不能说'那里有个人，其上方是空间'。因为当我说'一个人'，在这样说出这个词的时候，便同时想到了一个以人的方式而存在，亦即'定居'的实在，那么使用'人'这个名称时，实际上已道出了人位于事物间的四位一体之中。即使在我们把自己与能即刻可及的事物联系起来的时候，我们也不仅在头脑中反映遥远的事物——正如课本中那样——所以只有对遥远事物的心智反

[1] M. Heidegger.Building, Dwelling, Thinking.Poetry, Languge Thought. NY: Harper and Row, 1971: 155.

[2] 海德格尔. 建居思. 陈伯冲译. 建筑师.

[3] M. Heidegger.Building, Dwelling, Thinking. Poetry, Lanuage Thought. NY: Harper and Row, 1971: 157.

❶ M. Heidegger.Building, Dwelling, Thinking. Poetry, Lanuage Thought. NY: Harper and Row, 1971: 157. 156.

❷ 海德格尔. 建居思. 陈伯冲译. 建筑师.

❸ 海德格尔. 海德格尔存在哲学. 孙周兴等译. 北京：九州出版社，2004：244.

❹ 同上：247.

映才会闪过我们的头脑，替代事物本身"❶。这就是现象学理论中经常讨论的重要论题：意向性和意向性活动。

海德格尔进一步解释道："比如此时此地我们在这里想海德堡的那座古桥。这种指向那个地点的思想不只是一个身处此地的人的内心体验。相反，它属于我们对这座桥的思想的性质。思想本身执着地穿过，穿越距该地点的距离。就当下此点来说，我们已在古桥那里了——这绝不是在意识里再现的内容。恰恰在这里，我们甚至比那些天天使用它而对这河上的跨越无动于衷的人要更加接近这座桥以及它所提供的空间。具体空间以及与之相伴的'抽象空间'总是在人类定居中早就被提供了的。具体空间是通过让人定居的方式而敞开的。说人类存在，就等于说人类在定居之中凭其居留在物和地点之间，执着地穿过空间。只因为人类之本性蔓延于、执着于空间，才使得他可能穿过空间。可是，在穿越空间的过程中，我们并不放弃在空间中立足。相反，我们总是以这样的方式穿过空间：我们总是与或远或近的地点和事物共在，并以之为凭借来体验空间。当我走向讲堂大门，我已经在那里了；假如我不在那里，我根本就无法走向大门。我不仅在这里，正如这穿戴好的身体。相反，我在这里，亦即我已经蔓延房间，而且正因为这样我才能穿过它"。❷

当荷尔德林谈到栖居时，他看到的是人类此在的基本特征，他从与这种在本质上得到理解的栖居关系中看到了"诗意"。当然，这并不意味着诗意只是栖居的装饰品和附加物。栖居的诗意也并不意味着诗意以某种方式出现在所有的栖居中。这个诗句是说 "……人诗意地栖居……"也就是说，作诗才能让一种栖居成为栖居。但我们何以达到一种栖居呢？通过筑造。作诗，作为栖居，乃是一种筑造。❸

"充满劳绩，但人诗意地，栖居在这片大地上。"人在其栖居时做出多样劳绩。人培育大地上的生长物，保护在他周围成长的东西。培育和保护乃是一种筑造。但是，人不仅培养自发地展开生长的事物，而且也在建造的意义上筑造，因为他建立那种不能通过生长而形成和持存的东西。这种意义上的筑造之物不仅是建筑物，而且包括手工的和通过劳作而得到的一切作品。然而，这种多样筑造的劳绩绝没有充满栖居之本质。也就是说，劳绩正是由其丰富性而处处把栖居框进所谓的筑造的限制中的。筑造遵循栖居需要的实现。农民培育生长物、建筑物的建造和制品的塑造，以及工具的制造，这种意义上的筑造，是栖居的一个本质结果，但不是栖居的原因甚或基础。栖居之基础必定出现在另一种筑造中。诚然，人们通常而且往往惟一从事的，因而只是熟悉的筑造，把丰富的劳绩带入栖居之中，但是，只有当人已经以另一种方式，也就是诗意地筑造了，并且正在筑造和有意去筑造时，人才能够栖居❹。

海德格尔认为，当荷尔德林说终有一死的人的栖居是诗意的栖居时，立即就唤起了一种假象，仿佛"诗意的"栖居把人从大地那里分离了出来，因为"诗意"如果被看作是诗歌方面的东西，其实是属于幻想领域的。诗意的栖居幻想般地飞翔于现实上空。诗意的栖居乃是栖居"在这片大地上"。于是，荷尔德林不仅使"诗意"免受一种浅显的误解，而且通过加上"在这片大地上"，他特别地指出了作诗的本质。作诗并不是飞跃和超出大地，以便离弃大地，悬浮于大地之上。应该说，作诗首先把人带向大地，使人归属于大地，从而使人进入栖居之中❶。

《远景》——荷尔德林❷

当人的栖居生活通向远方，
在那里，在那遥远的地方，葡萄季节闪闪发光，
那也是夏日空旷的田野，
森林显现，带着深度形象。
自然充满着时光的形象，
自然栖留，而时光飞速滑行，
这一切都来自完美；于是，高空的光芒
照耀人类，认同树旁花朵锦绣。

2. 场所与空间

场所有界，空间无限。空间无处不在，场所则不是。凡"场所"都有空间特性，而空间并不都具有场所性。段义孚（Yi-Fu Tuan）在讨论空间与场所的关系时认为，从经验上讲，空间的意义通常与场所的意义覆盖和交合。"空间"比"场所"更为抽象。当人们面对一个新且陌生的地方时，周围的环境是没有区别的，都是没有特征的空间，当人们逐渐认识它并赋予其价值后，它便成为了"场所"。人们会说某地方具有"一种场所的感觉"，这是因为场所具有安全感，而空间代表了自由。空间和场所是生活世界的两个基本组成部分。那些具有悠久历史和鲜明特征的城市都处在一个十分独特的场所中，而且这些城市中空间的存在有赖于该独特场所的存在。特里奇（Tilich）自小生活在德国东部一个具有中世纪特征的小镇中，这是欧洲那种城堡式的具有自我封闭特征和自给自足的世界的典型小镇。童年的他偶尔会去柏林。柏林给他的感觉犹如汪洋，一种开放、广阔和没有限制的空间。这表明，对一些人来说是场所的地方，对另一些人来说可能并不具备场所的特征。一个地点和空间是否能够成为场所，还需要与"家"或"家园"的营造活动联系起来。场所需要经营、培养和创造。英国小说家JT勒罗伊在比较欧美城市空间时曾认为欧洲城市空间给他的感觉是测量过、已知，是在掌握之中的，而美国城市则具有一种"神

❶ 海德格尔. 海德格尔存在哲学.孙周兴等译.北京：九州出版社，2004：247-248.

❷ 同上：262.

秘"性质，因为它的城市空间好似能够消失。他所说的这种现象大概属于心理和精神的空间范畴。在很多情况下，心理和精神的空间的消失与否是因人而异、因景而异、因情而异的。景情关系与个人的独特经验和记忆有着紧密的关系。JT勒罗伊早年在英国生活的时候，那里人口流动率较低，有着相对稳定的社会组成和与之相关的城市空间。这与美国那种高流动率人口组成的社会，城市社区中人们形同路人的城市空间截然不同。JT在英国那样的城市空间中所经历的那种社会经验，与他成名之后在美国出入沙龙时所感受到的城市空间自然不同。因此，JT所说的美国城市空间的消失感实际上是心理和精神上的空间消失。心理上的空间消失通常又与对空间有陌生感有着一定的关系，对空间的"陌生"就是有着距离，距离通常导致神秘感的出现。此外，"距离"又是美学中的重要概念，戏剧中的"间离效应"便是使用"距离"来产生美感的典型。莱斯大学的拉尔斯·莱勒普（Lars Lerup）在他的After the City❶一书中认为美国与欧洲在城市和建筑上的不同在于美国城市建筑中总是保持着"一定的距离"。他认为在美国"美式距离"无处不在，无论是在主体还是客体上，物理还是心理上，心际还是人际间。它就像基因密码，这些密码是通过与住宅、实物等具体物件的互动而在社会层次上构筑的。在欧洲，"距离"是变化的、模糊的，甚或根本就不存在；而在美国的城市建筑中，"距离"的存在是特定和肯定的。那种主导欧洲城市生活的整体、统一、凝聚、向心的"城市性"虽然在美国城市中存在着，但却是那样地虚无飘渺。

有机、紧凑、具有历史的社会通常是城市性的保障，而离散的社会必然产生有"距离"的城市空间和组织。因此，可以想见，美国城市中存在的这种"距离"便是JT感受到的城市空间"消失"的原因。美国城市中的"距离感"实际上表现了美式城市所具有的空间和空旷性，它具有空间感，但缺少场所感，而欧洲城市的尺度表现出了它的文化性和强烈的场所感。从场所所具有的"安全感（性）"和"稳定性"的角度讲，人们得以感觉到空间所具有的那种开放、自由和威胁等特征。如果人们在空间中活动，场所就是使人得以停顿的地点。运动中的每一个停顿都使得地点转化为场所成为可能。人们见到的城镇大多发生在河流交汇处、贸易集散地、交通枢纽等处就是很好的说明。段义孚认为："场所就是一切能够引起人们注意的固定物体的地方❷，场所又是组织起来的意义世界。人们需要多少时间去了解一个场所呢？在不长的时间内，人们就可以获得有关一个场所的抽象知识。现代人的活动性很大，没有时间去建立自己的根基，因此有关场所的经验和对一个场所的体验都较为肤浅和表面。实际上，对一个场所的真正感受需较长时间获得，它是长时间重复性的日常生活和经验的积累。这是一种独特的视觉、声音、气味以及自然和人造韵律的综合。通常对一个场所的感觉似乎注入了人们的肌肉和骨骼构造中。"❸对场所，

❶ Lars Lerup. After the City. Cambridge: MIT Press, 2000: 71-73.

❷ Yi-Fu Tuan.Space and Place. London: Edward Arnold, 1977: 161.

❸ 同上：184.

尤其是城市的体验不仅有赖于在该场所中生活时间的长短，而且有赖于生活其中的人的生活方式和态度。在一个城市中，生活和旅游所获得的体验是完全不同的。笔者曾在希腊的山区小镇和瑞士苏黎世各居住了一段时间，但由于前者是住在旅舍中，作为旅游者，而后者是住在居住区，如同当地居民一样自己购物、买菜、做饭、搭乘公共交通，从而对苏黎世具有一种独特的生活体验，对该城市具有鲜明的印象。总之，人们对建筑的感情和在建筑中所感受到的定居和居住感对人们的建筑体验之贡献比之于建筑在形式上所能提供的信息要更为本质。

3. 场所的形成

人类在自然环境和广袤的空间中生存，对自然环境和空间进行选择、适应、调节和改造。这就是在空间环境中选择一个特定地点进行定居的活动，所选择的地点经过经营便成为一个家园的"场所"。在这个历史过程中，"定居"活动十分重要。定居使得农业和畜牧业产生，人类社会从而得以发展，因此定居是人类与环境关系发展中最重要的事件。在英语中，"定居"又与"驯化"有关，人类定居活动中的两个活动：开垦种植的作物"驯化"和动物驯化都是驯化活动。这样，人造环境中的定居是与驯化活动相关的。20世纪初，哈恩（E.Hahn）对驯化提出了新思考。他认为人类畜养动物的动机是宗教性的，他用北美的实例来说明狩猎、畜养、农业的顺序不一定存在，由此形成两种有关人类改造环境活动的理论：一种是经济性的，另一种是宗教性的[1]。更多的研究证明，不仅动物，而且某些植物的种植也具有宗教目的。在环境研究中，人们试图借助动植物的驯化过程来收集人类对定居、对环境的适应、改造的方式与态度。此外，动植物的运用也是人类对环境进行适应调节和改造的手段。"定居"在诺伯格-舒尔茨的存在主义现象学理论中就是"存在于世"。当人定居时，他定位在空间中，并且面对一定的环境特性。定居活动包含着两个环境心理和认识活动，一个是定向，一个是"认同"。为了获得在自然环境中的立足点，人类必须有能力为自己定向，人们必须知道自己位于何处，还须将自己与环境认同。定向与环境感知和对环境的象征化有关。人类有将环境象征化的倾向，人类也倾向于对具有象征性的环境进行认同的活动，例如报载的秦始皇地下、地上宫殿的布局所掌握的立表定向和极星定位等手段均与中国古代宇宙图示的象征化和秦咸阳附近地理条件和环境的象征化相关[2]。

段义孚称场所是已建立起价值的宁静的中心[3]，而开敞、空旷的空间没有标识，没有路径，没有已建立起来的人类意义的固定模式，这就是有

❶ E. Isaac. Geography of Domes-tication. Pretice-Hall, 1970.

❷ 《人民日报》海外版，1992.1.24.

❸ Yi-Fu Tuan. Space and Place. London: Edward Arnold, 1977：54.

界限的场所和无限的空间之间的区别。人类的生活处在一种二元运动之间：一种是永恒地回复到熟悉、温暖、具有庇护性的如"家"一样的庇护所；一种是不断向外探索的活动。有界限的场所和无限的空间之间本身也是一种二元对立。人们在森林和灌木丛中清理出营造家园和耕种的场地，当农场建立起来后，它就成为一个有秩序的意义世界，也就是一个场所。场所之外的便是不毛、贫瘠、无秩序、无意义、未开垦、非神性的空间和世界。

　　当人们充分熟悉一个地点和空间时，这个地方就成为场所。如果空间过大，那么人体动力学、体验、知觉经验和概念形成的能力就需要一定的时间加以适应。人们能否将一个地点和空间转化为场所，关键在于他所具有的将更大范围的地点和空间整合进自己所熟悉的场所中的能力。当人们面对一个场所和空间，他所面对的这个场所或空间有两部分：一部分是已知的，一部分是未知。已知又包括两部分：一部分是当下知觉所感受到的，包括视觉和其他各种知觉。另一部分是对同一场所的经验和记忆。对未知空间和场所的概念是通过当下感受到的陌生场所和空间以及由此引发的对其他场所和空间的记忆与联想所构成的。这是对熟悉空间在概念上的扩展和延伸。

　　诺伯格-舒尔茨在《定居的概念》一书中认为在"质"的感觉上得以定居是人类存在的基本条件。当人们选定了一个场所，人们就选定了自己存在于世的方式[1]。定居意味着人与选定的环境建立了一种有意义的关系。这种关系包括认同活动，也就是具有一种归属于某个特定场所的感觉。因此，当人在定居中发现了自己，他的存在于世的方式就决定了。定居中的认同意味着将整体环境作为具有意义的世界来体验。由此，认同识别事物的质量和特征，而定向则掌握空间关系，处理空间秩序[2]。海德格尔将"事物"定义为"世界的聚集"，也就是说世界由天地人神"四位一体"的事物聚集起来。因此由建筑以及其他人造物聚集的世界就是一个"栖居的景观"，就是说，它被理解为整体的天地关系的一个特定实例。人通过认同获得了一个世界，因此认同的地点就是一种有个性、有特征的场所。城市是这样选择的场所，对它的体验具有多层次、多角度的现实性，它的存在告诉我们生活具有多层次的意义，而且这些意义不能与"现在"和"这里"相分离[3]。

　　场所需要创造和经营，它是生活经历发生的主要地方。那些已建立起来的场所对孩子们来说是先天赋予的，是已定的生存条件，无所谓选择。但是，孩子们仍然通过游戏来经营它、熟悉它，赋予它以生活的意义，创造自己的世界，将先存在的条件转化为自己的、温馨和熟悉的"场所"（图2）。张郎郎在回忆大雅宝胡同旧事时说："我们的走廊是前院儿到后院儿之间的走廊，这是孩子们游戏的重要场地。尤其是夏天，外

❶ Christian Norberg-Schulz.
The Concept of Dwelling. New
York: Electa/Rizzoli, 1993: 12.

❷ 同上：15.

❸ 同上：53.

面太热，太阳也太亮。在这里不但阴凉而且一直吹着习习的穿堂风。我们就在这里玩儿拍洋画儿、沾洋画儿。"❶在传统社会中，有许多有关创造和界定本地区、村（聚）落"场所"的乡规乡俗，例如笔者曾研究过的浙江富阳龙门村在重要的传统民俗节日中要在村周围的主要景观和人造要素处（塔、楼、阁、桥、墓、树木、溪涧、山石、丘陵）进行游龙活动。这种活动实际上是对属于自己的环境、场所、界域和"家乡"的确认和再确认活动，也是界定和再界定"神化"环境的活动。中国传统乡村的乡俗文化产生了十分独特的乡土环境。"乡土"概念也是"家"的概念，是"存在"的概念，也是"宇宙和世界"的概念❷。布鲁斯·查特温（Bruce Chatwin）在研究中指出，澳大利亚土著的世界是一个"不可见的通道的迷宫"，这种迷宫通道遍布整个澳大利亚，这种如同欧洲的"梦轨"和"音线"的"通道的迷宫"对土著来说如同"祖先的足迹"。土著的创世传说中所描述的祖先在澳大利亚游荡时唱出了他们在路上所遇到的事物：鸟兽、植物、岩石、泉眼，由此，通过歌唱将世界变成存在。毫无疑问，澳大利亚土著嵌刻在其世界观中的空间概念与我们的完全不同，他们通过吟唱相关的神话，将土地变成存在，由此宣布与特定的部落区域有着关系❸。查特温讲述的与笔者在富阳龙门村调研时发现的是同样的现象，那就是通过仪式活动和行为来形成与创造场所，不过，在查特温的论述中，场的形成是通过"神性"的声音来完成的。

　　宇宙观在人类对环境的适应改造以及在人造环境的塑造过程中起着指导作用。人类总是试图将自己的宇宙观投射到自己的家园上，使得周围的环境反映宇宙的图示，从而属于自己的世界。例如秦咸阳的布局反映了宇宙的意象，而设计者和居者也自认为在其中经历了天地秩序。再如埃及著名的陵墓群位于尼罗河西岸的群山中，称为皇帝谷和皇后谷，而太阳神庙位于尼罗河东岸，对生活在尼罗河两岸的埃及人来说，太阳运行的轨迹是从尼罗河东岸升起，在尼罗河西岸消失。太阳神庙和陵墓群的布局反映了人生旅程犹如太阳的旅程这种观念，人类从而与宇宙图示相一致。在传统社会中，影响人们在环境中定居的宇宙观常与如下三种思想相联系：一是将环境区分为"神性的"和"未开化的"；二是认为自己所居住的环境是宇宙的中心；三是认为自己居住的中心是与层化的世界相联系的。这三种方法是人类试图在环境和场所中"定居"所采用的与"神"建立联系的基本方法，是定居活动中"四位一体"四要素强调与"神"建立起联系的尝试。

图2　场所：生活经历发生的地方

❶ 张郎郎.大雅宝旧事.上海：文汇出版社，2004：125.

❷ 尤克宁.乡土环境中的几个文化问题.建筑师，1994（56）.

❸ Ricardo L. Castro.Sounding the Path: Dwelling and Dreaming// Alberto Perez-Gomez and Stephen Parcel ed. Chora 3: Intervals in the Philosophy of Architecture. Montreal: McGill-Queen's University Press, 1999: 27.

4. 神性的与未开化的

人类采用两种方法进行环境设计，一种是几何的方法，一种是从"未开化的"环境中区分出"神化的"环境。后一种方法借助某种宇宙模式或原型使得人类感到可以在环境中定居。比较宗教学权威伊利亚德（Mircea Eliade）在研究传统社会人类如何处理环境问题时发现人类倾向于将环境区分为"未开化"的与"神化"的两种类型[1]。神化的与未开化的是两种存在于世的方式，是人类在适应自然环境的过程中所采取的两种不同立场。对于传统社会信仰超自然的人类（也就是有宗教经验的人）来说，空间并非均质的。人类体验到空间的开合、连续及非连续性，亦即环境的某些部分与其他部分不同，由此产生神化（性）空间或有意义的空间。非神性空间是无结构、不可名状、混沌、无定形和无意义的。对于有宗教经验的人来说，空间的非均质性表达了那种神性化了的空间环境与围绕着它的环境之间的那种对立的经验。传统社会的一个显著特征是人们认为在其生活领域内和围绕在周围的未知空间之间存在着一种对立。前者是"文明的世界"，是宇宙，后者则不是"宇宙"，而是"外面的世界"，是陌生和混沌的环境。这种在环境上所进行的区分表明了可居住的、有组织的环境和超出其界限的未知环境之间的对立。一边是宇宙，因此是有秩序、有神佑护、有意义和可居住的；另一边是混沌，因此是异化、未知、外面和不可居住的。

[1] Mircea Eliade.The Sacred and the Profane. Harcourt Brace, 1959.

传统社会的人们在未知和未开垦的领域中定居，在精神和心理上需要象征性地将其转化为一个"宇宙"。这种转化是通过将环境"宇宙"化的仪式（如风水的定位与选址）来完成的。因此，"我们的世界"是创造而来的，"创造"的方式大多是根据特定文化和社会对待环境的特定仪式和手法，尤其是根据人们的宇宙观来进行的。某些社会在对环境的改造和转化过程中遵循神化的模式，在这个过程中，人们区分和界定不同的神性空间。在一些简单的社会中，生态就是宇宙仪式，如季节性地转换聚落营盘，地力用尽后的聚落易地重建等。某些地区的人类在聚落内或聚落附近设立一个神性空间，其目的在于在村落领域内举行仪式。如果不去设立这种神性空间，村落就是"未开化"、混沌和无秩序的。这种现象在云南少数民族村落中和那些较为原始的聚落社会中仍然可以看到。澳大利亚中部的土著通过如下的方式对其生活环境进行转化：祖先神化，与神化了的祖先有关的标识、仪式以及部落领域的程式化图示景象等。这种现象说明环境的神化过程通常与地方领域的仪式化相联系。在一些社会中，人们季节性地在聚落周围那些限定村落范围的景观和环境标识处举行一定的仪式，这在南亚、印度和中国传统乡村中十分普遍。例如浙江富阳龙门村，在传统节日中，乡民要进行游龙活动，游龙路线是村落内外重要的文化景观和环境要素。这种活动是对"我们的世界"的标识和再确认的活动，也是对"神化"环境的确认与再确认的活动[1]。这种仪式活动具有季节性的重复性质，也具有周而复始的永恒性，它与神话的重复特征有关。这些现象显示了民俗是与环境确认和神话活动紧密相关的。梅洛-庞蒂在《知觉现象学》中说："生活在神话中的原始人也不能超越这个存在空间，这就是为什么梦和知觉一样，都看重它们的世界和空间。有一种神话空间，其中的方向和位置是由重要的感情实体的居留确定的。对一个原始人来说，想知道氏族的宿营地在哪里，不是根据某个作为方位标的物体来确定的：他自己就是所有方位标中的一个方位标，走向某种和平或某种喜悦的自然场所如同走向他自己。"[2]由此可见，神话空间是和部落和聚落社会的具体成员紧密地联系在一起的，神话的和神性的也就是自己的和我们的。这是一种归属和认同的活动。

在人类适应、调节和改造并进而定居的过程中，初民选择聚落场址时经常对自然环境要素进行引借，将其转化为具有神化意义的自然景观。这种自然景观必然是某种有象征意义的景观。不同地区的人类对本地区周围的景观赋予特性，对其进行赋予神性的活动，即神化活动。神化方式有数种，对乡民居住环境内和周围的自然环境要素进行赋予传说、神化和创造故事的活动就是其中的一种。对居住地周围环境创造故事的过程是熟悉、掌握自然环境，认识、控制和利用自然的一个积极步骤。通过这个活动，乡民逐渐认识到周围自然和文化环境是与家园、生活环境紧密相关的，是居住环境的一部分，是居住环境和家园的保护神。另一种神化方式是将居住环境进一步与距离更远，但广为人知和显著的名山大川加以联系，从而使乡土环境的位置更特殊、更有意义、更有价值，从而导致社团成员对家园格外珍爱，使自己的家园得以存在于世。这种为村落周围环境要素进行神化并进而将居住环境与名山大川相联系的做法是与乡民对世界的认知过程相关的。儿童时期的社团成员在村落中认知与定向，随着对居住环境的了解与掌握而建立认知地图。以此为基础，逐渐对村落周围的自然环境加以探索、认识而将其融合进先前建立的认知地图中。这样，认知地图逐渐扩展，由家到村落，到周围的环境，并进而到更遥远宏阔的自然环境。将乡土区域与名山大川相联系是将乡土环境"宇宙化"的活动，是一种赋予意义的活动。富阳龙门村的乡民就认为村落中的风水要素与县境内最高的山峰具有某种布局上的联系。在徽州一些宗谱中保存的村落图也表现了这种现象。在这些村落图谱中，通常将黄山这个自然景观绘制其中，乡土环境就与有宇宙意义的"圣物"联系了起来，乡土环境得以超越、升华而成为"神化"的环境。还有一种神化方式是通过建造宗教文化景观来达到的，这是一种较为直接的方式。乡土宗教文化景观是指那些受宗教或精神

[1] 沈克宁.文化环境研究面面观.世界建筑，1992（6）.

[2] 莫里斯·梅洛-庞蒂.知觉现象学.姜志辉译.北京：商务印书馆，2005：362.
英译版原文为"There is a mythical space in which directions and positions are determined by the residence in it of great affective entities"（Maurice Merleau-Ponty. Phenomenology of Percetion. Trans. By Colin Smith.New York；Routledge，2005：332.）似应翻为"其中的方向和位置是由重要的感情实体的居所确定的"。

❶ 沈克宁.乡土环境中的几个文化问题.建筑师，1994（56）.

❷ 莫里斯·梅洛-庞蒂. 知觉现象学.姜志辉译.北京：商务印书馆，2005.371.

❸ Steven Holl.Intertwining. New York: Princeton Architectural Press, 1996: 13. 在这里将 duration 译为"绵延"（伯格森哲学中的一种时间概念）。霍尔在该书的"时间是绵延"一节中说："在一定的时间绵延中，建筑中的时间和知觉是与建筑的光线和空间缠结在一起的。哲学家亨利·伯格森认为我们不应该谈论时间，而应该讨论绵延。"

❹ 同上。

❺ Y.F. Tuan. Space and Place: the Perspective of Experience. Minneapolis: University of Minnsota, 1974: 86.

因素影响而在环境中建造的建筑要素。宗教文化景观主要包括风水要素，各类庙宇和英雄景观（如山西的关帝庙、浙江的岳王庙等）❶。宗教文化景观的特征是其在物质环境（外在的）和心理环境（内在的）两方面直接将环境转化为具有神性的环境。

　　神话虽然是非客观的，但是神话与生活世界的联系在原始社会和工业社会前是十分紧密的，梅洛-庞蒂认为："互不相同的神话或梦的意识、精神错乱、知觉不是自我封闭，不是没有联系的和人们不能走出的体验孤岛。我们拒绝研究内在于神话空间的几何空间，一般来说，拒绝使任何体验隶属于把它放在整个真理中的关于这种体验的绝对意识，因为以这种方式来理解的体验的统一性使体验的多样性难以理解。但是，神话的意识向可能的客观化的界域开放。原始人在相当清晰的知觉背景中体验神话，使得日常的生活活动、捕鱼、狩猎、与文明人的联系成为了可能。不管神话多么散落，在原始人看来，它始终有一种可辨认出的意义，因为，神话构成了一个世界，也就是每一个成分都与其他成分有着意义关系的整体……我们力图避免神话的意识过早地合理化，比如在孔德那里，这种合理化使神话难以理解，因为合理化在神话中寻找一种关于世界的解释，一种科学的预测，而神话是一种生存的投射，一种人的状态的表达。"❷因此，神话是有关生存和生活的，而不是理性，也不是客观知识。它是人类的一种恒久和循环的体验。神话这种恒久和循环的概念与持续和"绵延"的时间有着联系，斯蒂文·霍尔说："建筑中的时间和知觉在一定的时间绵延中与建筑的光线和空间纠结在一起。"❸他在《纠结》（Intertwine）一书中谈到伊利亚德在《神化和未开化》（The Sacred and Profane）中描述初民所拥有的两种时间：一种是"永恒的演替"（Succession of Eternities），另一种是"短暂的绵延"（an Evanescent Duration）。在这种早期的具有仪式性质的术语中，历史是以一种封闭的循环形式运转和流动的，周而复始，无始无终。这种时间的宇宙概念在古希腊时期也是存在的，这种宇宙的秩序表现的是周而复始地运转的概念❹。

　　我们知道神话出现的前提是没有准确知识的存在。段义孚认为存在着两种神秘空间：一种神秘空间是围绕经验上已知的，但是知识上并不完整和健全的模糊区域，它限定了实用空间的范畴；另一种则是对世界的看法（世界观）的空间构成部分。这种人们在其中执行日常实践的活动是一种本地价值的概念❺。第一种神秘空间是对从直接经验而来的熟悉的日常生活和工作空间在概念上的延伸。定向了的神秘空间将个人与社会和空间系统中有意义的地点和场所联系了起来，它将个性注入空间，从而将空间转化为场所。人类直接体验到有限世界，同时被通过象征手段和非直接了解到的更大的世界所点缀。居住在不同社区的人们对自己的社区的空间、环境、路径和景观十分熟悉，对其他社区则并不熟悉，但他们对包括自己社区在内的更大范围的空间区域和地区具有一种相似的模糊知识。也许这种模糊知识并不十分准确，但它对于人们感知和体验的世界所具有的现实感而言是必需的。其重要性就是赋予感知和体验的世界以现实性。第二种神秘空间是作为一种世界观而运作的。宇宙观和世界观是人们或多或少试图系统地从环境中识别和给予意义的一种尝试。

对人们来说，自然与社会必须显示出秩序，同时表现出一种和谐的关系，这样才能够使人类生存和适宜居住。

5.场所的"中心"化与层化的世界

"中心"传达了一种开始、起源和过去的概念，而熟悉或相似性具有"过去"的特征，熟悉和相似性也是类型学的一种典型特点。传统社会在区分有秩序的空间和混沌空间时，通常使用的有效，也是普遍的方法是确认自己居住在世界的中心。"我们的"环境位于世界的中心对初民具有深刻的意义。对"中心"和"边缘"进行区分的思想在环境和空间组织中是普遍的。世界各地的人们均试图在宇宙图式和地理方位等方面将自己置于环境的中心。人们按距中心的远近决定价值，距离中心越近，其价值就越高。作为个体和群体的人类均倾向于将自己放在中心来观看世界。环境研究权威段义孚在他的《场所与空间》[1]和《场所倾向》[2]中系统地论述了作为个体的人类在环境中将自己置于中心和作为种族的群体认为本群体位于世界中心的性质，他将前者称为"自我中心"，将后者称作"种族中心"。造成这种倾向的原因是意识存在于个人头脑中，因此自我中心式地建构世界和宇宙是不可避免的，这是赋予环境和世界以秩序的一种本能。随着人的成长以及环境、生物、生理和社会文化的调节，自我中心的发展逐渐得到控制。

从哲学角度讲，中心可分为两类：一类称之为"主体间性中心"，另一类称之为"现象学性中心"。[3]"主体间性中心"与具体实在的空间相联系（或位于实在的空间中），例如在前科学社会，一个社团的村落或城镇在社团成员的心智中就构成了"主体间性中心"。每个社团成员心智中的中心基本都是相同的城镇或村落。"现象学性中心"则是个人所独自具有的。每个人都位于他自己的"现象学世界"的中心，这种中心就是海德格尔所称的"定在"（在特定场所中的存在方式）在环境领域的要素。世界各地早期文明以及今日仍保持传统生活方式的许多民族的宇宙观和环境观均倾向于认为自己居于世界的中心。美洲印第安人、西伯利亚的奥斯特克人、早期基督教文明、中国传统文化等都显示了将自己居住的场所认作"世界"的中心是一种十分有效的环境转化方式，同时也是认同和定位的

[1] Y.F. Tuan. Space and Place: the Perspective of Experience. Minneapolis: University of Minnsota, 1974.

[2] Y.F. Tuan. Topophilia: A Study of Environmental Perception. Prentice-Hall.

[3] D.R. Lee, .In Search of Center. Landscape Vol.21, No.2.

一种根本方法。家和住宅是营建环境中一个最小的"中心"单元。该中心对人们具有强烈的吸引力，它对人们形成有关中心的意识和概念具有本质的作用。在初始阶段，所有的建筑都是从这种以身体为中心的空间和场所感觉中衍化而来的。伊利亚德在他的许多著作，尤其是《宇宙和历史：永恒回归的神话》中描述了人们如何通过小心翼翼地模仿奠基英雄和祖先的原始活动和营建活动来获得仪式并进行建造，从而获得祖先和氏族英雄的力量❶。在查尔斯·穆尔看来，"中心"并不是一种几何观念，而是与人体动作学相关的，是引力反应中的定向概念，是与内部感觉相关的肌肉组织联系在一起的❷。

定居中的"认同"与"定向"概念，从来没有与日常生活相分离，它总是与人们的活动息息相关的。认同通常是选择一个点（场所），也就是选择中心的活动，而"定向"则常与路径有关，也就是通向"中心"的活动。通常人们所进行的活动有赖于"定向"和"认同"的心理功能。诺伯格-舒尔茨认为每个地点和情景的形象虽然不同，但是有可能发展出一种有关存在空间定向的普通现象学。这种现象学的目的在于给定中心、路径和区域的意义，而目的地或中心是存在空间的基本组成部分❸。

人类生活与中心有关，重要的活动通常都在中心发生。中心存在于不同层次的环境中，例如聚落在景观中形成一个"到达"和停顿的中心。伊利亚德试图指出意义与中心是属于一起的❹。中心可以是地景标志，也可以是林奇所说的"结"。此外，人们对中心的体验也是与垂直轴线联系在一起的，垂直轴线将天与地联系了起来。路径与轴线是中心必要的补充。人们使用建筑手段使存在于世成为一个富有成就的事实，建成的形式、有组织的空间和建筑的类型都能起到这样的作用。作为中心的聚落欢迎和邀请人们来定居，相应地，位于中心的人们不会感到处在一个陌生的地方，而是在一个已被解释的已知环境中。不仅如此，人们还会体验到那种自己的居住场所是更大环境的一部分，从而融合于"宇宙"中的感受。

传统社会中，人们认为世界或宇宙由天上、地下和地上三个层次组成。三层世界之间的沟通由宇宙之柱（神山、建木等）来完成。宇宙之柱位于宇宙中心，围绕着中柱的是可居住的环境，这就组成了"宇宙系统"。该系统有四个内涵：①神化的空间环境在均质的环境中构成特殊的"中心"领域，或称"开合"；②这个开合以可以沟通不同宇宙层次的通道的开口为象征；③与天上的沟通需要通过天梯与地柱，这就是"中柱"或"中轴"；④围绕着这个中轴的是"我们的世界"。传统社会中的人们认为"我们的世界"总是居于宇宙的中心，在这里，地面有通道得以沟通三个世界。北美洲和亚洲古代社会世界的宗教文化和建成环境为上述的表述提供了有力的证据。在这些社会中，原始居民在定居中使用"中柱"时认为天空是由一个中柱支撑的帐篷，这是对中柱、宇宙柱或建木的一种同

❶ Mircea Eliade. Cosmos and History, the Myth of the Eternal Return. New York: Harper & Row Publisher, 1959: 22.

❷ Kent C Bloomer, Charles W. Moore.Body, Memory, and Architecture. New Haven and London: Yale University press, 1977: 58.

❸ Christian Norberg-Schulz.The Concept of Dwelling. New York: Electa/Rizzoli, 1993: 2.

❹ Mircea Eliade. Cosmos and History, the Myth of the Eternal Return. New York: Harper & Row Publisher, 1959: 12-17.

化。中柱有着重要的仪式作用。西伯利亚和中亚地区的人们认为住房是一个微型宇宙，他们的圆形帐篷象征天空的形状，烟从帐篷顶上开的洞中飞扬出去，直达北极星。在他们的概念中，北极星是支撑天棚的。支吊帐篷的中柱穿过这个洞，因此它也就是穿过天、地和地下三层世界的神木。在他们的心目中，具有魔力的萨满的灵魂沿着这个中柱上上下下，传送天上、地下和人间的信息。因此，当地土著为萨满的仪式建立了一种特殊的具有中柱的帐篷。

中国古代礼制建筑明堂的设计思想与传统社会人们用层化思想看待环境以及中国传统宇宙观相联系。《明堂阴阳》中称："明堂之制，周旋以水，水行左旋以像天。内有太室象紫宫；南出明堂象太微；西出总章象五潢；北出玄堂象营室；东出青阳象天市。"由此可见，明堂的设计布局是与宇宙相联系的，也就是所谓"体天"。《大戴礼记》中有明堂："其宫方三百步，堂方百四十四尺，坤之策也。屋寰径二百一十六尺，乾之策也。太庙明堂方三十六丈。通天屋径九丈，阴阳九九之变。寰盖方载，六九之道。八达以象八卦，九室以象九州，十二宫以应十二辰……通天屋高八十一尺，黄钟九九之实也。二十八柱列于四方，亦七宿之象。"可见明堂的设计尺寸是基于宇宙运演之数而获得的，并与天象、地理和国土规划相联系。50年代发掘的汉长安南郊明堂的遗址及其复原说明实际的明堂是"上圆下方"的礼制建筑。《大戴礼记》的说法是"上圆法天，下方法地"。因此，明堂是古人将宇宙观投射在礼制建筑上的表现。"明堂与天地相通"则说明明堂是沟通天地两层宇宙的场所，天地相通的入口处——"太室"就是"通天屋"。另一个例子是中国古代建筑中令人着迷的"都柱"。"都柱"就是独立的中央立柱，在明堂"通天屋"的中央，是都柱。这种柱子在先秦、两汉的殿堂礼制建筑中使用，例如秦咸阳宫殿遗址发掘的都柱[1]，西汉礼制建筑和两汉画像砖中的都柱以及傅熹年和杨鸿勋两先生对中山国陵墓建筑的复原中的都柱[2][3]等都是例证。都柱代表了宇宙之柱，起建木的作用，其文化意义在于它起着沟通不同层次世界的作用，这在宫殿和礼制建筑中尤其重要。有趣的是，在沂南汉墓墓室中也使用都柱，其用意是沟通地上和地下的世界。

在当代社会中，神仙、方士巫师、萨满等虽仍然存在，但是其数量和影响很小。那么，什么人仍然具有这种承天接地的本领和在社会中起到这样的作用呢？加斯东·巴什拉（Gaston Bachelard）认为，在现代社会中上天入地的行当由诗人承担[4]。其实，在物质世界中，建筑师所进行的也是这种活动。不过能够真正沟通三层世界的建筑师需要有诗人的灵性、感觉和想象力，只有这样才能创造出这种能够"上天入地"的建筑空间，使人们"诗意"地栖居。

在住宅中，阁楼和地窖（地下室）限定了住宅垂直空间的两极。巴什

[1] 秦都咸阳第一号宫殿建筑遗址简报.文物，1978（11）.

[2] 傅熹年.战国中山王出土《兆域图》及其陵制规制研究.考古学报，1980（2）.

[3] 杨洪勋.战国中山王陵及兆域图研究.考古学报，1980（2）.

[4] Gaston Bachelard. The Poetics of Space.trans. Maria Jolas. Boston: Beacon Press, 1969: 147.

❶ Gaston Bachelard. The Poetics of Space.trans. Maria Jolas. Boston: Beacon Press, 1969: 18.

❷ 同上: 26.

❸ Kevin Lynch.The Image of the City. Cambridge, MIT Press, 1990: 43.

拉认为阁楼和地窖给人们留下的记忆很深，从某种角度讲，它们开启了有关想象的现象学的两种完全不同的领域❶。住宅中这种垂直方向的两极性是我们逐渐了解和体会到的。因此，从宇宙观的角度来审视和体验住宅也许是必要的。住宅中的塔、阁楼和地窖从两极延展了住宅，因此，住宅从地上延伸到天上和地下，它具有塔的垂直性，它将住宅和房屋的两极性戏剧化。三层的住宅是标准的、简单的构造，它有地面层、阁楼和地窖。巴什拉强调梦中的拓扑分析只知道如何分析三四层的房屋，多于三四层的房屋在梦中就会模糊，因此，高层建筑在梦中不具有本质的意义。他还认为梦的现象学研究能够解开记忆和幻想的症结❷。

在区分有秩序的空间与混沌空间时，有效的也是普遍的方法是确认自己"居于世界的中心"。"我们的"环境居于世界的中心对初民具有深刻的意义。对"中心"和"边缘"进行区分的思想在环境和空间组织中是普遍的。世界各地的人类均试图在宇宙图式和地理等方面将自己置于环境的中心。人们按距中心的远近决定价值。"家"位于每个人的生活和心理中心，这在下面将专门讨论。

6．认知与城市形象和心智地图

胡塞尔现象学的一个重要阶段是向"先验现象学"（Transcendent Phenomenology）的发展。所谓先验现象学，就是从对现象的本质直观、面对事实本身的现象学转为对"意识活动"的观察和研究。"先验现象学"中的"事实"及"意识活动"不是自然科学中的客观对象和社会科学中的社会对象。意识活动自身具有观念性和客观性，作为意识活动结果的意向对象也具有观念性和客观性。意识活动是意识的实际内容，而认识对象则是意识内容。胡塞尔认为意识对象是"构造"的产物，更明确地说，意识对象是在意识中"自身构造"的，也就是现象是如何在人们的意识中形成的。他认为客观世界最终是先验主体通过意识活动而获得的。

当我们开始讨论意识问题的时候，我们便必不可少地要涉及"反思"或对意识进行反思的活动。所谓反思，是指人们所研究思考的对象或意识的指向不是像日常生活中那样朝向具体实在的客观事物，而是朝向意识自身的活动。在《城市意象》一书中，凯文·林奇从波士顿、泽西城和洛杉矶三个城市入手进行比较分析。他说："正如所预料的那样，对这三个城市进行比较，我们发现人们随其所处环境而进行调整并从自己体验的材料中抽象出结构和特性。"❸在该书的开首，他指出："在每个时刻都有眼不能见、耳不能听的情状，都在等待着被探索的环境和特色。所有的事物都不能被孤立地体验，而是与它的环境，与导向它的一系列事件以及过去的记忆相联系的。"林奇的《城市意象》一书对建筑形象有关意识的讨论，包括意识中的环境、城市要素、城市形象构造以及作为意向内容的城市都具有建设性的贡献。在该书的第三章，他还进一步讨论了有关城市形象的意识。他说："任何一个城市，似乎都具有一个公共形象，这个公共形象是许多人对该城市所具有意象的相交部分。这种集体形象对于个人在环境中顺利地运作并与其周围的人沟通协调是必需的。每个人的城市意象都是独特的，这种个人所具有的城市形象的一部分很少或从来没有被沟通或交流过，然而它与特定环境的公共形象很接近"❶。

现象在意识中的构造方式可以在城市认知地图的构造中得到解释。在一个陌生的城市中，我们都有逐渐定向和定位以及城市地图逐渐在意识中形成的经验。这是一个与过去的生活空间失去了联系而在一个陌生城市环境中建立新空间模式的活动。人们在城市中通过不断试错和记忆而逐渐形成城市的心智地图并将这个"认知地图"与时时刻刻伴随着人们过去的生活空间和有关世界的模式结合了起来。在这个过程中，有关陌生城市在意识中的空白通过自己的"家"和居住的房间、空间、门窗、走廊、楼梯、街道、商店、城市景观等逐渐填充而逐渐形成了新城市地图。上述各种要素在这个认知地图或空间模式中沉淀下来，相对稳定的模式就形成了。在对城市形象的研究中，林奇系统地探索了构成城市形象的几个主要要素，它们是路、界、结、区和景观。这五个要素又是构成城市认知地图，也就是有关城市意识的主要组成部分❷。

人类所感知的环境和环境心智图示对设计决策的制定起着作用。环境的感知属大脑对环境的反应，但人类的经验也参与这个活动。拉普卜特（A. Rapoport）有关人类环境的构造过程考虑了文化的和个人的因素，因此是较为全面的环境认知过程图示。在这个图示中，人类活动的环境是人类借以构造心智地图的起始点。该环境中有个核心区域，这是心智地图建立的中心。环境的心智地图由场所空间和它们之间的时间距离以及整体的关系系统所组成。拉普普特认为定向包括三个问题：①在什么地方。②到某个地方。③如何确定已到某个地方❸。心智地图与定向系统有关，并且辅助定向活动，辅助人类在空间中定向和在环境中改进预测性。文化的不同导致认知和定向的不同。林奇的"定向"要素是"路"、"结"、"区"等基本空间结构，人类借助它们进行定向活动，这些要素的可见关系就组成了"环境形象"。林奇强调："一个好的环境形象赋予人类一种重要的情感上的安全感。"认同意味着与特定的环境成为朋友。认同的对象是实在的环境要素和特性。认同是从儿童期发展起来的，它是人类感觉归属的基础。建筑、村镇、城市等聚落辅助人类定居，又是人类定居的表征。仅制造实用的城镇和构筑是不够的，住房如果只是"居住的机器"则

❶ 同上：46.
黑尔（J. Hale）提出了一种与林奇的"意象城市"相对的"（可）操作城市"的概念。这是一种在复杂、不可描述和无法表现的环境中进行导向的身体操作活动和方法。显然他认为对这种复杂的结构系统中的环境具有一种操作性的理解和认知要比形象上的掌握和认知更有用。参见：Jonathan Hale. Cognitive mapping: New York vs Philadelphia. The Hieroglyphics of Space: Reading and Experiencing the Modern Metropolis. ed. Neil Leach.New York: Routledge, 2002：41.

❷ Kevin Lynch. Managing the Sense of a Region. Cambridge, MIT Press, 1991.

❸ A. Rapoport.Human Aspects of Urban Form. Pergamon Press, 1977.

无助于人类真实和彻底地定居，只有将整体环境塑造成为可视和在心智上可把握时，聚落才真正地存在了。诺伯格-舒尔茨的《场所精神——走向建筑的现象学》研究了场所在环境中存在的问题。在书中，他认为"定向"系统是从特定的自然环境结构中衍化来的，所谓自然结构，即自然环境的结构[1]。心智世界是从感觉和人体动力学的经验中提炼出来的，人类的空间体验强化了空间能力。

　　林奇所讨论的集体城市形象和集体心智地图等与胡塞尔现象学的另一个概念——"主体间性"（或交互主体性，inter-subjectivity）有关。主体间性的概念将建筑意识的讨论带出唯我论或个人意识的范畴，进入公众和集体的城市建筑意识领域。所谓"主体间性"讨论的是主体与其他主体的关系问题，它是指一种在各个主体之间存在着的共同性。这种交互体的共同性使得客观世界先验地成为可能。对主体间性所强调的客体之物的理解是独立于各种经验主体的主观经验情况的，也就是胡塞尔所说的：它们是在被给予方式的"交互主体性的"多样性中始终相同地显现给我们的东西[2]。因此，胡塞尔所关注的是：既然各种对象的经验情况不同，它们如何能够以同样的方式显现给不同的人？更彻底地说，"不仅每一个个体的意义都与一个它独自固有的经验世界打交道，而且所有意识都具有一个对它们来说共同的经验世界，即具有一个包含着它们主观视域的普遍视域"[3]。当人们获得一种新的诗意的形象时，便可体验到其主体间性的特征。现象学中的另一重要观念"意向性"与主体间性以及这里讨论的心智图式也有着关系。

7."家"与家园的营造

　　家，这个每个人都熟悉的概念为人们提供了一种有关"过去"的形象。进一步说，在理想状态中，"家"占据着人们生活的中心地点。家是人们所熟悉的亲密场所，人生所有的经验和体验都由此生发出去。人生的很多亲密经验是与家园联系在一起的，许多时候，这种经验难以用语言来表达。加斯东·巴什拉说："在家里，有那些我们愿意在其中舒服地蜷缩起来的边角空间。蜷缩分属于居住和栖息这个动词的现象学。只有那些了解到如何蜷缩的人们，才有可能充分地栖息。"他还说："在我们白天的梦想中，家总是一个大摇篮"。[4]他更直接指出，住宅或家"是现象学研究内部空间的个人内在和亲密价值的独特场所"。[5]他认为："如果从现象学角度入手，那么家将会为我们提供栖居空间价值的具体证明。所有真正的栖居空间都承载着家这个概念的本质。"[6]因此，在"家"的研究中采用现象学的思考是为了保存那种本质的特征，那些揭示了原初以某种方

[1] C. Norberg-Schulz.Genius Loci: Toward A Phenomenology of Architecture.New York: Rizzoli, 1980: 14-15.

[2] 胡塞尔.黑尔德.生活世界现象学.倪梁康.张廷国译.上海：上海文艺出版社, 2005: 25.

[3] 同上: 26.

[4] Gaston Bachelard. The Poetics of Space. trans. Maria Jolas. Boston: Beacon Press, 1969: 7.

[5] 同上: 3.

[6] 同上: 5.

式与基本定居功能相联系的真实本质。

　　家的体验在本质上是一种亲切温暖的经验。在儿童时期，冬夜归家时见到家中窗户射出的灯光就是这种温暖经验的具体表征。在一个更大的环境，例如城市中，家则是一个角落，一个人们赖以定位和生存的城市角落。人们需要这样的栖息角落去休养生息，这样的"角落"是人们恢复自信、聚集精力、重新开始的场所。无论是从生活、社会和心理，还是从物质和文化的角度讲，"家"这种"角落"对人们的生存都至关重要。在家自身的领域中还可以辨识出对生活有着特殊意义的"角落"的存在，不过这是更小的场所和空间。为躲避喧闹、嘈杂，我们通常喜欢躲藏和独处于家中"一角"。这种"一角"是隐居和隔绝的空间，它为幻想和沉思冥想提供了场所。这种角落和空间正是房间、住宅和家的起源。这种角落同时也成为大千世界、广袤宇宙的对立面和否定，巴什拉在谈到"角落"时认为：当人们回想在自己的空间中独处时，首先想起的内容便是寂静，那种思考的寂静❶。

　　有些角落的形象具有那种深厚和感人的古风余韵，这是那种在心理上十分原始的形象。原始的形象通常是古朴、基本和简单的。某些时候，越是简单的形象，越具有为人们提供幻想的空间余地。角落又是那种已限定了的场所，它具有稳定性，赋予人们以稳定感。这种稳定感是那种人们十分珍惜的固定、不动、静止和不变的感觉。角落的特征犹如开敞的盒子，它一半是墙，一半是门，它是体现内与外辩证关系的最佳实例。在属于自己的角落中，处于平静状态的存在意识可产生一种固定和静止的感觉。当人们处在自己的角落深处而陷入沉思冥想的时候，人们得以回忆起所有在意识中被思考和识别的物体，也就是能够忆起沉思和记忆的对象。在一个阴霾的天气中，如果一个人静静地独坐在角落中，此时便能够见到时间缓慢地流逝，能够见到那些逐渐变老和衰退的情景，也能见到那些与时间流逝无涉的永恒、停滞和凝固的东西，见不到的则是那种新生、刺激、表面和非本质的事物。

　　"家"保存着人们无数的回忆，如果作为家的住宅较为精致和复杂，例如有地窖、阁楼、过道和角落等具有隐蔽性质的空间，那么人们的记忆就会更为复杂，更具有叙述性。拓扑分析实际上就是对人们所熟悉的具有私密生活的场地的心理分析。有些时候，人们认为自己知道自己在时间中的位置，但实际上人们所知道的只是一系列保持了存在固定性的空间中的固定点——那些不希望自己消融的存在。空间保持也包含了压缩的时间，这应该是空间的一个重要用途。

　　在自己家中，人们通过住宅开始熟悉世界。在住宅中，人们不用去为发现目的地而选择路径，在住宅和家的前前后后，世界是直接地被赋予的。住宅是日常生活发生的地方，日常生活体现了人们存在的那种持续

❶ Gaston Bachelard. The Poetics of Space. trans. Maria Jolas. Boston: Beacon Press, 1969；136.

性。由此，住宅不断地保持人们熟悉的背景和基础。那么，什么是住宅聚集和视觉化了的直接世界呢？其实它就是简简单单的现象世界，而不是人们"解释"的公共世界。本质上说，日常生活环境的现象都被体验为一种气氛，也就是作为一种人们的"情绪"或"思想状态"所必须面对的特质。住宅是人们得以从周围环境中退出，去休养生息和隐退的场所，不过，诺伯格-舒尔茨认为，在家中，人们并不可能忘记外面的世界，相反，人们将外部世界的记忆聚集起来并将这些记忆与日常生活的活动和细节联系起来[1]。住宅将环境转化为一个定居场所的固定地点。通过住宅，人们得以熟悉环境，并在世界中获得立足之处。在住宅中，人们看到那些熟悉和珍爱的物什。人们从外部世界和环境中将这些物什带入住宅内并与它们一起生活，因此，这些物什也构成和代表了"我们的世界"。在日常生活中使用它们，这样，室内就具有了内部的特征，由此成为了内在自我在外部世界的一种反映。当人们如此这般地实现了亲切和私密的定居活动时，人们便体会到了"内在平静"的意义。

　　"停顿"这个词意味着所停顿的地点有动人之处，它是能够使人们体会价值和意义的中心。停顿使得地点成为场所，一旦地点成为场所，它就具有了永恒性。家是人们停顿时间最多的场所。作为场所的家中所具有的大都是日常和普通的物什，人们通过使用这些物什而熟悉家这个场所[2]。在通常情况下，人们对家里的东西并不太在意，因为这些东西如同自身的一部分，习以为常。家是一个极为个人和私密的场所，家的感受不仅仅是可见的房屋，更主要的是家中的种种物件：声音、气味、可触摸的家什、楼梯、地窖、火炉、壁炉、可藏人的角落……这些都具有家的感觉。家的感觉也是一种记忆，日常生活都因为过去的日子和记忆而显得深厚而久远。今天普普通通的日常生活被过去的日子和记忆所浸渍，并在人们生活的世界中放大千百倍。家乡也是一个私密的场所，虽然人们所经验的家乡是个小而熟悉的世界，但这个世界对于人们的日常生活来说是取之不尽的丰富源泉。家虽是一个最小的场所单元，一个微型的宇宙和世界，但它在人们的心智构造和城市意象（地图）的确立中却是最重要的源点。任何更复杂和更大的城市地图都要以此为基础而构筑成型。家所具有的那种亲密性与家这个特定场所和空间融合体中存在的各种私密空间有关。这些私密空间由诸如角落、阁楼和地窖等构成。巴什拉在他的《空间诗境——如何体验私密空间的经典看法》一书中就专章讨论了"角落"在家的体验中的重要性。那么，家和更大尺度的场所有什么样的特征呢？首先，它们都必须具有明显的界域标识或围合，必然与具体生活在其中的人有关，也就是与具体人的具体体验和感受有关；它还必须提供对个人十分亲切、内在和私密的场所；必须具有某种保护的功能，使得人们在其中具有安全感，并提供可以躲藏、栖息的角落；它也必须具有某种场所"精神"；必然重复和永

[1] Christian Norberg-Schulz. The Concept of Dwelling. New York: Electa/Rizzoli, 1993: 89.

[2] Y.F. Tuan.Space and Place: the Perspective of Experience. Minneapolis: University of Minnsota, 1974: 144.

恒地回到人们的体验、回忆、梦想和联想中。作家笔下的家园典型地具有这些特征，张郎郎在回忆儿时所居住的四合院时是这样描述的：

"在斗鸡坑4号那会儿，我们家一溜高台阶，青砖铺地，边边角角都是石板平整砌出来的，花池子周围用旧瓦砌出花边。晚饭后藤椅一摆，小叶儿茶一沏，清风徐来，树影婆娑……院子里和鲁迅的'老虎尾巴'一样有两棵大枣树。一棵结的是长圆的枣儿，还有一棵结的是尖头儿的枣儿，一律不长虫子，和关公脸一样，红里透紫……枣儿一熟，邻居来了，朋友也来了，都来打枣，走的时候也都会给我们家留一脸盆。" ❶

"那会儿院子很空，虽然家家离得那么近，可是每家门口或窗下总有块种花的地方。老赵他们家当然绝对没有种花的地方，主要是他们家的门对着门洞，他们总不能往门洞里种花吧？可是家里照样得种点儿什么，小生子就用一个小碟子，里边放点儿水，切了个带点儿缨子的萝卜头，长出来鲜嫩的叶子，照样好看。 小燕他们家种了一些西番莲、美人蕉之类的花，另外还种了豆角和葫芦，还用小绳子把绿色引向屋顶，这样他们家就可以在绿荫之中了。沙贝他们家居然种了一丛矮小的竹子，那会儿在北京竹子极少，可能因为他们是南方人，他爸爸的老家是浙江，他妈妈是湖南，那边的竹子翠绿婆娑，郁郁葱葱，虽说这里的这点竹子半绿不黄的，可到底是竹子，照样在风中微摆，照样在雨中沙沙作响。他还种了老倭瓜，肥厚的绿叶，鲜艳的黄花，再挂上一个秫秸篾儿编的蝈蝈笼子，里边的驴驹了，叫得山响。我们家种的都是容易活的，指甲草，喇叭花，太阳花 ——那就是'死不了'，我们也种点儿猫耳朵豆角儿，可是没种其他的。" ❷

邓云乡笔下的北京四合院（图3~图5）更是精致入微：

"弄三间灰棚住，也很不错。一进院门，种棵歪脖子枣树；北房山墙上，种两棵老倭瓜；屋门前种点喇叭花、指甲草、野菊花、草茉莉……总之，秋风一起，那可就热闹了，会把小院点缀得五光十色，那真是秋色可观，虽在帝京，也饶有田家风味。至于那盛开的花花草草，喇叭花的紫花白边，指甲草的娇红带粉，野菊花的黄如金盏，草茉莉的白花红点，俗名叫作抓破脸，还有那'一架秋风扁豆花'淡紫色调星星点点……这都是开

❶ 张郎郎.大雅宝旧事.上海：文汇出版社，2004：13.

❷ 同上：114-115.

图3　家的营造：北京四合院1（左）
图4　家的营造：北京四合院2（中）
图5　家的营造：北京四合院3（右）

在夏尾，盛在秋初，点缀的陋巷人家，秋色如画了。"

"当然，再有精致一点的小院，这种院子不是北城的深宅大院，而大多在东、西城及南城，'四破五'的南北屋，也就是四开间的宽度，盖成三正、两耳房小五间，东西屋非常浅，但是整个小院格局完整，建筑精细，甚至都是磨砖对缝的呢。砖墁院子，很整洁，不能乱种花草，不能乱拉南瓜藤，青瓦屋顶，整整齐齐，这个小院的秋色何在呢？北屋阶下左右花池子中，种了两株贴梗海棠，满树嘉果，粒粒都是半绿半红，喜笑颜开。南屋屋檐下，几大盆玉簪，更显其亭亭出尘……" ❶

❶ 邓云乡. 云乡漫录. 石家庄：河北教育出版社，2004：9.

❷ Juhani Pallasmaa.the Eyes of the Skin, Architecture and the Senses. Wiley-Academy, 2005：44-45.

这种对家园的呵护和培养是创造"我"和"中心"世界的必要步骤和手段。在这里，种植活动与营造家园的"栖居"和"定居"活动合二为一，成为一体，体现出了海德格尔在《建居思》中对"建造"和"营建"词义的描述。海德格尔认为"营建"这个古老的词汇是"存在"之所属，决定着作为你的你和作为我的我。你之所以是你和我之所以为我是定居方式的不同造成的。在张郎郎的回忆录中，无论是"老赵"、"小燕"还是"我们家"，种植这种活动体现出了不同的定居方式，也就是区分你之所以为你和我之所以为我的"存在"方式。每个人的住宅和家都是世界的一角，它是我们的第一世界，一个真实的宇宙。如果以每个人的亲身体验和经历，用极为个人的情感去体验一个即使是非常简单的住所，那么这个住所和家都具有美感。这种美感必须与在其中生活的真实体验相联系——那种从生活中感受到的原初性和基本性。当我们经过多年外出游历，回到过去的房子或住宅时，我们会发现，那些最为精致、微妙的情景，那最早的影子突然重新活灵活现，仍然没有任何缺陷，我们出生的住宅在我们的身体和意识内嵌刻了栖居功能的不同等级。我们自身是特定住宅栖居功能的一种图示，所有其他住宅都是同一个基本主题的变体。

家与住宅除了其重要的保护生命和居住者的价值外，还有梦想（幻）价值，这种梦幻的价值在于它在房子消失后仍然存在着。无聊的中心、无所事事的中心、梦想的中心、沉思的中心一起组成梦的住宅。梦幻中的住宅比我们对出生地的零星记忆要更为持续和久远。住宅构成了一系列的形象，这些形象为人类提供了稳定性的证明和演示。我们不断地重新想象住宅的价值，区分所有这些形象就如同描绘住宅的灵魂，这是为了能够跨越时间和岁月去感觉我们对出生和成长的家的牵挂，重新体会那种魂牵梦绕的感情，那种梦想。帕拉斯玛认为："房子的一个主要作用就是房子为白日做梦提供了遮蔽物，房子保护了做梦者，房子使人们得以安静地做梦。"❷进一步说，建筑空间限定、暂停、加强和集中了人们的思想，防止人类迷失方向。

在传统乡土中国社会，村民在村落的社会关系中对两点十分重视，一是"家"的概念，一是"宗族"的观念。每个村民均出生于一特定之家，在这个家中，他获得了自身和"家"的具体观念，在村中，他获得了"社会"概念，具体地说，是宗法观念。在村中，宗法观念严格地限制了他的言行，宗法规定了中国传统社会中的礼与法。"家"与"宗"是互相联系的，卜辞中有"王假有家"、"王假有庙"。不能想象没有"家"的人能够有（宗）"庙"（祠堂）❶。由此可以想见，家的概念是本原，是第一位的。人们在儿童时代从"家"中获得了"认同"与"定向"的立足点，在村落中，从精神、心理、社会、空间和功能上发展和健全了自己对村落以及更广范围的环境的认同与定向。

❶ 沈克宁. 富阳县龙门村聚落结构形态与社会组织. 建筑学报. 1992, 2.

8. 场所精神

现象学抛弃科学和哲学"成见"、"回到事物自身"的思想表现在诺伯格-舒尔茨的建筑现象学中，就是认为讨论建筑应该回到"场所"，从"场所精神"中获得建筑最为根本的体验。他认为场所不是抽象的地点，而是由具体事物组成的整体，事物的集合决定了环境特征。"场所"是质量上的"整体"环境，人们不应将整体场所简化为所谓的空间关系、功能、结构组织和系统等各种抽象的分析范畴。空间关系、功能分析和组织结构都不是事物的本质。采用这些简化方法将使场所和环境失去可见、实在和具体的性质。诺伯格-舒尔茨认为，日常生活经验告诉人们不同的活动需要不同的环境和场所，以利于该种活动在其中发生和进行，因此，住宅和城镇是由多种特殊场所构成的。虽然当代规划和建筑理论也考虑这些问题，但却是以数量、功能等抽象的态度来对待的。不过，以科学的"成见"和概念化的"偏见"来对待生活世界，距离"事物自身"十分的遥远。他提出这样的问题："难道各种功能在普天下都是相同的吗？是否所有的人都具有相同的功能？"他的答案是否定的，因为即使是人类最基本的吃饭、睡觉功能都有不同的方式，因此，从功能的角度出发就抛弃了最具体和基本的，具有特性的场所。他认为不能以分析的、科学的概念来对待在质上具有整体特质而又十分复杂的场所❷。科学的原则是对所给定的事物进行抽象而获得中性和"客观"的知识。但是正是在此过程中，日常的"生活世界"失去了其丰富多彩和真实性。人们的生活世界由具体的现象组成，它由人、动物、花草树木、水、城市、街道、住宅、门窗、家具组成，它包括日月星辰、风雨、流云、昼与夜、四季与感觉，这才是建筑师真正应该关心的。诺伯格-舒尔茨认为，有幸的是，现象学正是解决此问题的根本方法，因为现象学要求"回归事物自身"，反对心智构造。

❷ C. Norberg-Schulz. Genius Loci: Toward A Phenomenology of Architecture. New York: Rizzoli, 1980: 6-7.

诺伯格-舒尔茨的建筑现象学的形成有其发展过程，在其早期著作《建筑中的意向》一书中，他采用科学的方法分析了建筑和艺术。20世纪

80年代中期以后，他认为如果仅仅采用科学分析方法来对待建筑，人们便会失去对具体环境特征的把握。环境特征是人们认同的对象，它赋予人们生存和立足的感觉。为克服《建筑中的意向》中的缺陷，他在《存在、空间和建筑》一书中引进了"存在空间"的概念。"存在空间"不是数学和逻辑空间，而是人与其环境过程的基本关系。《场所精神》一书沿着同一方向作了进一步探讨。对诺伯格-舒尔次来说，建筑就是"存在空间"的具体化，具体地说，可以进一步用"集合"（Gathering）与"事物"（Thing）这两个概念来解释。他称海德格尔的哲学是《场所精神》一书得以成型的原因，并认为海德格尔的"定居"（Dwelling）概念十分重要，它与"存在的立足点"（Existential Foothold）的意义相同。从"存在"的意义上讲，"定居"是建筑的目的。当人能够在环境中定向，并与某个环境认同时，他就有了存在的立足点，也得以定居。换句话说，就是当人体验到场所和环境的意义时，他就得以定居了。"居"并不仅仅意味着遮蔽物，它还意味着生活发生的空间，也就是场所，场所是有特征的空间。诺伯格-舒尔茨认为，从古代起，"场所精神"就被人们当作具体的现实并与自己的日常生活息息相关。由于建筑将"场所精神"视觉化，建筑师的任务就是去创造富有意义的场所，由此帮助人们定居。

诺伯格-舒尔茨认为他的《场所精神》一书是走向建筑现象学的第一步。那么，什么是他眼中的"建筑现象学"呢？他将其定义为"将建筑放在具体、实在和存在的领域加以理解的理论"。换句话说，就是将建筑、城市和环境放在真实的生活世界中进行观照和讨论的方法和理论。他认为，建筑界经过几十年抽象的"科学"理论讨论后，有必要回到以质的、现象学方式来理解建筑。如果不理解这一点，就无法真正解决实践中的建筑设计问题。他认为"存在的范畴"不由社会经济决定，存在的意义具有更深的根源，它由人们"存在于世"的结构决定。海德格尔在他的经典著作《存在与时间》中讨论了"存在于世"的概念。在《建居思》中，他进一步将基本的存在结构与建筑和定居的功能联系了起来。当然，存在的范畴也表现在历史的情景中，诺伯格-舒尔茨批评现代主义建筑师抛弃了存在的范畴。

为了充分研究场所的现象，诺伯格-舒尔茨从场所结构和场所精神两方面对场所进行讨论。他认为应该从景观和聚落两方面来描述场所的结构。景观和聚落可以用"空间"和"特性"的范畴来描述。空间是对构成场所的要素进行三维的组织，而"特性"则描述该场所普遍的"气氛"。"气氛"是场所最为广泛、综合和全面的特征（图6、图7）。

建筑理论中有关空间的意义很多，人们经常使用的有两种：一是三维的几何空间，二是知觉的空间。诺伯格-舒尔茨对这两种使用方式均不满意，因为它们都是从日常经验和整体的三维空间中抽象出来的。真实、具

图6　巴拉干：墨西哥城Pediegal
园（左）

图7　北京胡同形成的场所氛围
（右）

体的人类行为不可能发生在抽象、无特性、同一而均质的空间中，它必然发生在有特性的空间中。抽象的几何模式的组织方式是较晚发生的，它可以用来更为精确地定义基本的拓扑结构。

　　"特性"则是普遍和具体的概念，一方面，它意味着更为普遍、综合、全面和整体的气氛，另一方面，它是具体、实在的形式以及限定空间元素的实质。诺伯格-舒尔茨认为，应该对"墙"加以注意，因为墙决定了城市环境的特征。他说："我们要感谢文丘里，他是第一个认识到这一点的建筑师。现代主义统治了几十年的建筑论坛，认为讨论立面是不道德的。通常一组构成某一场所的建筑具有某种相同性，其特征可以归纳为富有特性的某种'母体'，例如某种类型的门窗或屋顶，这种母体也许会成为传统元素。在界限上，特征和空间合二为一。我们同意文丘里将建筑定义为内外之间的墙。除文丘里外没有别人讨论特征，其结果是建筑与真实的生活世界彻底地脱了钩。"❶

❶ C. Norberg-Schulz. Genius Loci: Toward A Phenomenology of Architecture. New York: Rizzoli, 1980:14-15.

　　他认为建筑的存在目的就是使得"场地"（Site）成为"场所"（Place），也就是从特定环境中揭示出潜在的意义。场所的结果并非固定的、永恒的，场所是变化的。这种变化有时甚至很快，但这并不意味着场所精神也跟着变化，或者失去。场所的固定性和连续性是人类生活（存）的一个必要条件。那么，"场所"和功能变化的关系如何呢？首先，场所具有接受"异质"内容的能力，一个仅能适合一种特殊目的的场所很快就会成为无用的，并失去其存在价值。其次，一个场所可以以多种方式来解释。因此，保护和保存场所精神意味着在新的历史阶段中将场所和场所的本质具体化和现实化。场所的历史是自我实现的，因此，场所具有某种程度的不变性。诺伯格-舒尔茨的"场所精神"是与真实的"生活世界"紧密相连的。

　　"场所精神"是古罗马的概念，古罗马人认为每个"存在"均具有其精神，这种精神赋予人和场所以生命，场所精神伴随着人与场所的整个生命旅程。初民们经验到他们赖以生活的环境是有特征的，尤其意识到了

❶ Gaston Bachelard. The Poetics of Space. trans. Maria Jolas. Boston: Beacon Press, 1969: 46.

❷ "场所"与工业化：近代工业革命以来，工业化和标准化的大规模生产对场所产生了巨大的冲击。海德格尔等人有关存在现象学的哲学思想对工业化和机器在现代社会的主导地位持有强烈的批评态度。

❸ M. Heidegger. Building, Dwelling, Thinking. Poetry, Language Thought. NY: Harper and Row, 1971.

❹ 海德格尔的"场所"概念与批判性地域主义对"地域"的理解不同。场所的地域特性与传统地方主义和批判的地域主义的批判性。《批判性地域主义》一书的作者勒法维（L. Lefaivre）认为"批判性的地域主义"的鼻祖——美国建筑史家芒福德（L. Mumford）的思想与另一位也是强调地域主义的哲学家海德格尔完全不同。虽然海德格尔在50年代的著作中也强调作为"家"的"场所"、"大地"、"地方"和"土地"并将其与机器主导的文化和技术社会放在一起讨论，由此指出了由机器主导的文明的危机，在这一点上，芒福德与海德格尔是相一致的，但是，他们两人的出发点和认识是彻底不同的。海德格尔的"场所"、"家"和"这片土地"是与一群具有共同种族背景、语言和"灵魂"的独立和封闭的人类族群不可分割的，如果减弱这种联系便会导致衰退。但是对于芒福德来说，减弱这种民俗和乡土联系并不会导致衰败，相反，它意味着进步。芒福德的区域主义植根于称之为美国文艺复兴的浪漫和民主的多元文化主义。因此，他的反模式的地域主义与海德格尔的纳粹式的保守的种族隔离式的区域主义完全不同。海德格尔的思想植根于反现代主义的态度以及其背后的民粹和批判现代技术的思想。有关批评性的地域主义理论，请参阅：

（1）Liane Lefaivre, Alexander Tzonis. Critical Regionalism.New York: Prestal, 2003.
（2）仲尼斯，勒法维. 批判的地域主义之今昔. 李德华等译，建筑师.
（3）沈克宁. 批判性的地域主义. 建筑师，2003（4）.

人所生活的地方的精神具有十分重要的存在意义。传统的"生存"依赖与场所具有良好的物理和心理关系。巴什拉认为，住宅是抵御外部世界的工具，它从人的身体上获得物质的、精神的和道德的能量❶。正是这种场所精神使得居住的空间永远超越了几何的空间。当一座房子和一个场所具有欢乐、庆祝、悲伤、容纳私密和公共活动的内容时，它便具有了场所"精神"（图8）。

图8　格林兄弟的住宅所形成的场所体验

　　诺伯格-舒尔茨认为，现代旅游业证明对不同场所的体验是人类的一项兴趣。现代社会中，人们信奉科学和技术，认为它们可以将人类从对场所的依赖中解放出来。不过，目前的现实表明，这种对科学技术的信仰通常不过是一种幻想。由于当代环境的混乱和污染以及全球气候变暖和气温升高成为令人恐惧的事情，其结果便是场所的问题重新获得人们的重视❷。

　　在《建居思》中，海德格尔说明了"地点"（Location）的重要性。他说："空间从地点中获得它的存在。"又说："人与地点的关系以及通过地点与空间的关系均包含在人的住所中。明确地说，人与空间的关系就是定居关系。"❸这样，在海德格尔眼中，人在世存在的关键就是定居，就是要有"家"这个住所。定居的关键在于地点。由此，地点和与其相连的"场所"在定居活动中就是最重要的❹。诺伯格-舒尔茨对场所的重视借鉴了海德格尔的哲学思想，他重新将古罗马的"场所精神"概念引入到当代建筑理论的讨论中来。在《场所精神》中，诺伯格-舒尔茨通过讨论海德格尔的存在现象学思想来寻求被现代主义冷落，被人们遗忘的"场所"概念，将"场所"的重要性置于"空间"之上，也就是置于建筑研究的首要位置。

9.建筑场所与生活世界

生活中展现的真实活动和人们日常熟悉的生活内容构成了"生活世界"。不同组团的人们的经验总有重叠的部分，因此，个人的生活和经验并不是与组团完全不相容。街道及街道两侧的点点滴滴——门廊、墙裙、窗扇、阶梯、屋檐、地砖、招牌、店铺、树木、阴影、阳光、积水、玩耍的孩童、乘凉的老人、仲春隔墙飘来的丁香花香、夏日透雨过后的清爽、秋风习来的凉意、寒冬枯枝带来的呼啸组成了人

图9　家的营造：北京四合院

们的生活（图9）。这些是人们的生活质量的标志，失去了它们便意味着生活质量的下降，意味着生活中缺少了美好的事物，意味着生活在一种异化的环境之中。如果我们对日常的家居活动，如清理和擦拭家具和门窗等日常活动稍加留意，就可以发现从这些日常活动中散发出了一种温馨的气息。列斐伏尔特别强调：使用者的空间是生活的，不是表现、想象或计划的。与专家（建筑师、规划师和城市主义者）的抽象空间相比，使用者日常活动的生活空间是一种具体的空间，也就是说，是一种主观空间。作为一个"主观"空间，而非计算得来或表现的空间，这种空间的根源便是童年的体验和记忆。童年时期的艰难、成就和欠缺都能够转化为主观空间的经验[1]。即使是在人生转换和过渡的中间阶段，也能形成重要而具体的空间心智图像，那种半公共空间、半私密空间、聚会场所、走廊和过道等都为这种空间的心智图像增加了具体的生活内容。这种现实意味着多样化空间产生和存在的必然性。在此过程中，与空间相联系的那种特定功能的相对重要性就会消失。因此，恰当的场所形态将会是固定的、半固定的、可移动的或空荡的[2]。当然，不同的场所具有不同的现象特征。列斐伏尔认为在他所强调的"对立"概念中，稳定和暂时之间的对立与海德格尔的"定居"和"流浪"的概念十分相似。

人造环境与语言相似，它们都具有定义、塑造、形成、提炼和升华感性和感觉的能力和作用。它可以扩展和加深人们的意识。段义孚认为，如果没有建筑，人们有关空间的感受便是散漫、不集中和短暂的[3]。因此，在没有边界的空间和自然环境中设立建筑以及任何人造环境要素都是建造家园的活动。设定场所，区别内与外、神性与未开化、宇宙与混沌的活动也是确立家园和建立我们的"场所"的活动。"世界"一词不仅是一种说

[1] Henri Lefebvre. the Production of Space. Donald Nicholson-Smith. Oxford: Blackwell, 1991: 362.

[2] 同上：363.

[3] Y.F. Tuan. Space and Place: the Perspective of Experience. Minneapolis: University of Minnsota, 1974: 107.

法，更重要的是，精神或文化的生活从中获得了结构，意味着有思维能力的主体必须建立在具体化的主体之上，否则思维的主体便会成为无本之木。

胡塞尔提出的"生活世界"是一个毋庸置疑的、不言自明的前提，不将它看作问题，不把它当作课题来探讨，奠基性的、直观的、主观的世界[1]。按胡塞尔的观点，"生活世界"是所有世界的基础，诸如文化、哲学和科学的世界都植根于生活的世界。谈到"生活世界"，就不可避免地要涉及对诺伯格-舒尔茨的存在和现象学"场所论"影响颇深的海德格尔的"此在现象学"。海德格尔的"此在"、"定在"等概念与胡塞尔的"生活世界"联系密切。梅洛-庞蒂曾指出海德格尔的《存在与时间》无非是对"生活世界"的一种解释。

为了充分研究场所现象，诺伯格-舒尔茨从场所结构和场所精神两方面对场所进行讨论，他认为应该从景观和聚落两方面来描述场所结构。景观和聚落可以用"空间"和"特性"的范畴来描述。空间是对构成场所的要素进行三维的组织，而"特性"则描述该场所普遍的"气氛"。"特性"和特征是具体的概念：一方面，它意味着更为普遍、综合、全面和整体的气氛；另一方面它是具体、实在的形式以及限定空间元素的实质，两者共同决定一个场所的"精神"[2]。

墨尔本大学的杜维（Kimberley Dovey）在《将几何放在应有的位置：走向设计过程的现象学》中认为将现象学应用在物理环境上是一种对"日常经验"的环境进行严格探究、调查和描述的学科。他认为以现象学方法进行环境研究最重要的是区分出"生活空间"（Lived Space）和"几何空间模式"（Geometric Models），以此为基础进而区分出"作为几何的空间"和"作为经验的空间"[3]。现象学强调"日常经验的生活世界"是第一位的。"生活世界"是人们对前科学世界的一种经验，是人们将自己与世界分离前，也就是将世界看作一种分离的客观存在之前对世界的一种体验。因此，海德格尔认为没有一种"在"是与"世界"分离的，所有的"在"都是"存在于世"的。

对杜维来说，"几何空间"是抽象和精确的，它是被衡量过的空间，而"社会空间"则是具体、实在的日常生活的经验空间。在几何空间的发展过程中，柏拉图首先认为几何应是有关空间的科学，欧几里得使几何空间发展为一种理解世界的模式。这种模式具有很强的说服力，以至于人们认为只有使用几何方法才能表现出组成世界的真正方式。这样，多样的日常体验就以不同的精确程度与几何空间联系了起来。现象学思想则认为几何空间虽然具有强有力的预测能力，但对世界和空间并不具有更高的垄断权，更不意味着对真理有更高的垄断权。相反，生活世界才是最基本和本质的第一位的空间模式。几何空间是从生活世界中抽象得来的。"存在于世"定位于"生活空间"而非"几何空间"中，"生活空间"具有一

[1] 倪梁康. 现象学及其效应. 北京：三联书店，1994：132.

[2] C. Norberg-Schulz. Genius Loci: Toward A Phenomenology of Architecture. New York: Rizzoli, 1980：14-15.

[3] K. D. Dovey. Putting Geometry in its Place: Toward a Phenomenology of the Design Process// D. Seamon ed., Dwelling, Seeing and Design: Toward A Phenomenological Ecology. Albany: State University of New York Press, 1993.

种本体论的重要性。在"生活空间"中，人们得以体验到人类真实的生活，体会到场所的真实意义，从而改变了那种认为既然几何空间构成了绝对的现实，便可以用作一种认识工具的盲目观念。

杜维认为空间经验根据实际的接触和可接近程度而分为首要和次要的区域。坐在桌前，人们可以感受到座椅，可以闻到瓶中的花香，享受日光，可以去屋外的花园，这是人们直接接触的基本世界，在此之外的是第二层世界。生活空间无限复杂，如同生活自身，它由社会和文化限定。人与物理环境的所有接触均发生在一个社会、政治和经济内容中。可是，几何空间清除了所有的社会和文化意义，几何空间的精确性和可预测性是由失去真实、具体和丰富的生活经验来换取的。几何空间是对取消了价值取向的地点之间关系的一种表现，也是对取消了意义价值的生活空间的一种表现。具有讽刺意味的是，使用几何空间正在于它取消了人类的真实价值。

杜维还认为生活空间中的"现象距离"与几何空间截然不同，例如接近的感觉和经验不仅仅由障碍物、路径的形状和构造决定，而且由社会、文化、经济和技术等因素决定。由于生活空间负载着意义和记忆，又因为人们具有相同的身体结构和知觉系统以及由社会文化联系在一起的世界观和主体间性，因此，在一定程度上，生活空间为人们所共有的。更为重要的是，生活空间不是日常生活的布景，而是"存在于世"整体中的一部分。人们不能仅仅居住于几何空间中，人们需要的是生活空间，而生活空间的根源在于场所。生活空间为日常生活的行动提供了充满机遇的环境。现象学考虑的是"场所"概念，场所对于生活空间如同地点对于几何空间。对建筑师来说，只有将所希望的环境特性注入几何平面和空间中，才有可能使人造环境产生实质性的改变。因此，需要研究"生活空间"、"场所"等现象学问题。

建筑现象学试图去除任何现有的"成见"以获得真实的感知和真正的意义。这是一种更为贴近真实，从建筑自身出发的设计思想，这种思想认为建筑所表达的不应是外在的思想和意义，而应是从建筑自身感受到的那种内在和无言的感受。这种感受通过建筑自身精心的营建和构造及材料和细部的认真推敲和设计来获得。持这种建筑思想并在设计中身体力行的以欧洲建筑师为代表，例如瑞士建筑师卒姆托。早在20世纪80年代他就从对解构建筑和后现代建筑理论进行批判入手建立起了他自己对建筑的思想。他认为营建是一门将许多部件组成一个有意义的整体的艺术。也许一件不协调、杂乱无章、韵律破碎、片断、堆积和结构紊乱的建筑作品能够表达一种信息，但是，当了解了它所要表达和陈述的内容后，人们的好奇心便会消失，这时剩下的便只是对该建筑实用性的质疑了。也许当代艺术应该如同当代音乐那样极端，但是，极端也是有限度的。建筑有其自身的领域，它与生活有着一种特殊的物质关系。他又认为大众传播形成一种符号化的虚假世界。后现代生活是一种除自己的履历以外，其他所有东西都似乎是模糊的和含混的生活。这种生活在某种程度上是非真实的。后现代世界充满着没有人能够完全理解的符号和信息，这些符号和信息自身也只是另外一些事物的符号，因此，真正的事物仍然保持在暗处，人们没有机会窥其全豹。因此，他不同意那种将建筑作为一种信息或一种象征符号的建筑思想和设计方法。

卒姆托将建筑作为一种生活的容器和背景，生活围绕它或在其中发生。作为生活容器的建筑所要考虑的是与真实的生活直接和密切相关的具体事物，而不再是所谓传输意义的符号和信息。他说："我仍然相信真实事物的存在，虽然它是那么地难求。土地、水、阳光、景观和植被、人造物，例如机械、工具或乐器，这些物体是什么就是什么，它们不仅仅是一种艺术信息的载体，它们自身的存在本身就是自明的。当我们看着那些似乎自身便很安详的物体或建筑时，我们的知觉便会宁静。这时我们感知的物体并没有提供任何信息，它们仅仅在那里，而我们的知觉能力逐渐安详，不带偏见，不再利欲熏心。我们的知觉超越了符号和象征，开放而通透。这就好像我们可以看见什么，但在其上并不能发现自己的意识。在这种感知真空中，记忆也许会出现。"❶为了获得这种直接、自然、有关生活的建筑，建筑师需要关注更为具体的、与生活和生活体验息息相关的建筑领域和细节，去为节点、边缘和接缝等表面连接和不同材料衔接的关键部位寻求理性的构造和形式。他认为细部可建立起形式韵律，细部表现了设计的基本思想在建筑相关部位所需要的归属感或分离感：紧张或轻松、摩擦、坚实或脆弱……因此成功的细部绝不仅仅是装饰。它们不会分散人们的注意力，也不去提供娱乐，而是引导人们去理解整体，细节正是该整体中的一部分（图10、图11）。

❶ Peter Zumthor.Thinking Architecture. Baden: Lars Muller, 1998: 19.

图10 卒姆托：圣本尼迪克特小教堂（左）

图11 卒姆托：瑞士音盒（右）

除了对建筑细节和细部的重视，卒姆托还认为建筑与场所的关系对建筑能否具有那种永恒迷人的神秘性质具有决定性的作用。他说："对我来说，某些建筑的存在似乎有着某种神秘性。它们静静地在那里，我们并没有特别注意它们，然而却不可想象该地方没有它们的存在。这些建筑似乎坚实地锚固在该场所中。我对设计这种与时俱增、自然生长、融入建筑所在场所的形式和历史中的建筑有着很大的热情。只有对人们的感情和心智具有多样的吸引力，建筑才能被其周围环境所接受。由于感情和理解根植于过去，我们与建筑的知觉联系就必须尊重记忆的过程"❶。他在《从对事物的热爱到事物自身》中论述场所时认为："我的作品受到不同地方的影响，当我集中精力设计特定地段的场所和场址时，当我试图检测其深度、形式、历史以及感知的特性和质量时，其他地方的形象开始进入准确的观察过程：所熟悉而在当时又给我深刻印象的地方，作为特殊情绪和特质的普通和特殊场所的形象，来源于艺术、电影、戏剧和文学中的建筑情形的形象，有些时候，这些场所形象自发随机地出现在脑海中，通常第一眼看上去是异域和无关的，这些场所形象有许多来源。在另一些时候，我需要这些场所形象浮现，因为只有将它们放在一起以便对不同地方的本质加以比较，容许相同、有关，甚或异域的要素对所设计和关注的场所投射其光线时，所设计的场所（址）的集中的和多层面的地方特性和本质才开始出现。这是一种揭示出联系，暴露出力量来源的令人激动的视像。这时，丰富和具有创造性的土壤出现了，创造特殊场所的各种探索可能的网络出现了，同时它还触发了设计的过程和决策。因此，我将自己沉浸在场所中并试图想象生活于其中，同时还要超出该场所的地限，将其放在其他世界中加以审视。这样设计出的建筑就具有特定场所的本质，同时也是整体世界的一部分。如果一件建筑设计仅仅从传统中来，而且仅仅重复场址的决定因素，我便觉得它缺乏对今日世界和当代生活的关注。如果一件建筑仅仅涉及当代潮流和复杂的视像而没有触发与场所的共鸣，那么该建筑就没有锚固在其场所上，因为它缺少建筑赖以立足的特殊引力，缺少它立足于该地点的特殊引力。"❷

他回忆在工艺美术学校学习时，同学们试图对所有的问题都去寻求一种新的答案，感觉前卫似乎很重要。只是在后来，他才发现大部分建筑问题的有效答案早已有之，因此他认为我们在不断地发明那些已经被发明的东西，并且试图发明那些不可发明的东西。他认为这对教育和学习是有价值的，对于进行实践的建筑师，去了解和熟悉建筑历史中的大量知识和经验则是十分有益的。他相信如果将历史经验和知识结合进作品中，我们就有更大的可能做出自己的贡献。然而，建筑设计并不是从建筑知识和逻辑直接转变成新建筑的线性过程。那种使建筑存在的创造活动超出了所有的历史和技术知识，其焦点在于与时代的问题进行对话。

❶ Peter Zumthor.Thinking Architecture. Baden: Lars Muller, 1998.

❷ Peter Zumthor.Thinking Architecture. Baden: Lars Muller, 1998: 36-37.

为了获得更为本质的、与具体生活直接相关的建筑，卒姆托呼吁和诉求一种以理解和感觉的原则为基本常识的建筑。他在谈到设计思维时认为他总是将自己置于那种自己能够想象到的、试图寻求的建筑形象和情绪的指引下进行工作。此时，大多数进入脑海的形象来源于自己的主观经验。设计时，他试图发现这些形象意味着什么，从而了解如何创造丰富的视觉形式和气氛。他认为建筑不应该是那种不属于事物本质的事物的载体、符号和象征。在一个强调非本质的社会中，建筑可以进行抵抗性的活动，建筑使用自己的语言对形式和意义的浪费进行反击。对他来说，对建筑进行反思十分重要，所谓反思就是从日常工作中退一步出来，检视自己所做的事情以及为什么做这些事情。

他对经常可见的那种看上去费了很大气力来获得某种形式特征的建筑不以为然。他认为好的建筑应该接纳和欢迎人们的来访，应该使人们在建筑中体验和生活，而不应该不停地对使用者唠唠叨叨。他提出如下的质疑：为什么对组成建筑的基本要素：材料、结构、构造、承重和支撑、大地和天空缺乏信心？为什么不能够对形成空间的要素：围合空间的墙和其组成材料、凹凸、虚空、光线、空气、气味、接纳性、回声和共鸣给予足够的尊重，并细心对待它们？他喜欢那种在最后成型阶段和过程中能够将自己置身事外的设计和建造思想，将建筑留给自身，使建筑成为其自己，使其成为居住的场所和世界事物的一部分。这样，建筑就可以不用建筑师个人的解释和述说而独立地存在了。建筑对于卒姆托来说有一种美丽迷人的寂静性质，他认为这种性质是与构成、自明、坚固、实在、完整、诚实以及温暖和感觉相联系的。建筑成为建筑，成为自身，成为存在，不去表现其他事物。建筑的现实存在于实实在在的物体中，形式、体积和空间成为存在，理论观念仅仅存在于事物中，而不是在事物之外。他对海德格尔在《居住思》中所表达的"人类存在的基本原则是在事物中生活，这就是说人们从来不存在于一个抽象的世界中，而总是在真实的事物中生活"深有同感。卒姆托说："人与场所的关系，以及场所与空间的关系是根据人在其中生活和居住而获得的。"❶

❶ Peter Zumthor.Thinking Architecture. Baden: Lars Muller, 1998：34.

10.场所与建筑设计

爱德华·雷尔夫（E. Relph）在讨论场所时描述了一种景观意象，这是一种简朴、安宁的意象，在这种景观意象中，没有大城市，没有郊区，没有丑陋的工厂，没有以金钱为基础的经济，没有极权政治系统，人们认识自己的邻居，有着共同的传统和社会仪式。人们对本地的地理有着一种十分亲密的熟悉感，他们感到负有维持自己场所的责任。❷这虽是对过去

❷ E. Relph.Modernity and the Reclamation of Place// D. Seamon ed.. Dwelling, Seeing and Design: Toward A Phenomenological Ecology. Albany: State University of New York Press, 1993.

或未来的一种不现实的浪漫想象，但却出现在诺伯格-舒尔茨、克里斯托弗·亚历山大（Christopher Alexander）和林奇的作品中。虽然这种观点和形象对于现代和当代世界十分重要，可是创造这种场所的技术和社会内容已经不存在了。雷尔夫分析了当代社会文化的特点，指出当代环境是所谓的"即时环境"（Instant Environment），即采用快速、大量、无地方性、标准化、统一的规格生产和建造的。"即时环境"由"即时环境机器"建造，"即时环境机器"由两部分组成，一是大公司，尤其是跨国公司、银行和承包商。这些机构能聚集和动用大量资源去开发郊区的行列式住宅，而且公司的利益和其盈利高于一切，这样，诸如民族特色、地方历史、地理特征和地方风情等均被抛在脑后。其二是通信媒体可以将世界任何地方的信息和经验带到世界各个角落，使得保持某一地区的特色变得十分困难。

为重新获得场所感，雷尔夫提倡在场所设计中鼓励社团参与，因为场所的重要特征是从这种参与中获得的。一个场所是一个整体的现象，它由如下三部分交织在一起：具有人造和自然要素的特定景观；一种可为场所承受的活动模式；一套同时是个人又是共有的意义。

耶鲁大学的哈里斯（Karsten Haris）认为对建筑的要求不能简化为对环境的物理控制，对精神的要求同样重要。他认为人们必须将混沌转变为一种有秩序的世界，即某种"宇宙"后才能生活。在良好的建筑和环境中，时间和空间显示的应该是为人们提供了定居的场所❶。

佐治亚州立大学的赫维（Catherine Howett）❷试图在设计教学中唤起学生们对场所经验的记忆。这是为了使学生们认识到场所及有关场所的经验对人生发展的重要性，促使他们在设计中重视场所和从场所中获得的经验。在设计初步课上，她要求学生们回顾自己过去的生活，回忆最深刻或幸福的场所经验。她发现学生们对场所回忆的特点是：具有很复杂的情景，有着详细的特殊感觉和心理细节，但在逻辑上很模糊。此外，学生们所描述的场所和经验都与个人的童年有关。这些说法和做法看上去似乎不很具体和实在，但对设计基础的探寻十分有益。

盖里·史蒂文斯在《建筑科学在后退吗？》一文中说："现象学运动的极端模糊性使它成为反对派评论家难以对付的批评对象。实际上，它更多地被称作一种情绪而非一场运动，一种心境而非一种研究手段。谴责空间设计而崇拜场所创造确实完全正确，但这究竟意味着什么呢？没有予以评论的方法论，其著作常常是说教的或驳斥式的……现象学家严厉批评他人，却没有找出替换品"❸。这段话在某些情况下是正确的，但近来，尤其自霍尔和卒姆托等人的著作出版后就值得商榷了。霍尔不仅讨论了"场所"在设计中的重要性，而且将从"场所"讨论中得来的理论用在设计中。他的早期著作《锚固》主要讨论的是如何将建筑坚实地植根和锚固于

❶ K. Harries.Thoughts on a Non-Arbitrary Acrhitecrrure// D. Seamon ed., Dwelling, Seeing and Design: Toward A Phenomenological Ecology.Albany: State University of New York Press, 1993.

❷ C. Howetti."If the Doors of Perception were Cleansed" Toward an Experiential Aesthetics for the Design Landscape//D. Seamon ed..Dwelling, Seeing and Design: Toward A Phenomenological Ecology. Albany: State University of New York Press, 1993.

❸ 盖里·史蒂文斯. 建筑科学在后退吗，王千翔译. 华中建筑，1994（3）.

建筑独特的场所中，这与海德格尔哲学中有关"植根"（ground）的存在概念有着关系。

霍尔的早期现象学思想充分表达在他的《锚固》一书中。在这部著作中，霍尔强调场所在设计中的决定作用，他认为建筑的场所不是建筑设计概念中的佐料，而是建筑物理和形而上学的基础。建筑被束缚在特定情景中，它与音乐、绘画、雕塑、电影和文学不同，建筑与它所存在的特定场所中的经验交织在一起。给予某种渠道、某种联系、某种动机和主题，建筑就可以变为场所中某种具有深刻意义的景象，而不仅仅是某场所的一种时尚符号。通过与场所的融合，通过汇集该特定情景中的各种意义，建筑就可以超越物质和功能的需要。对霍尔来说，场所的启发性并不是简单地去响应场所的所谓"文脉"，揭示场所的某个方面并不一定要去进一步确定场所的表面现象。建筑与场所应该有一种经验的联系，一种形而上的联系，一种诗意的联系，当一件建筑作品成功地将建筑与场所融合在一起时，第三种存在就出现了。在这第三种存在中，内涵和外延合二为一，与场所结合起来的思想就和形式表现联系了起来[1]。

[1] Steven Holl.Anchoring .New York: Princeton Architectural Press, 1989, 1991：9.

一个构筑有一个场所，当构筑与场所相互依赖、不可分离时，建筑便真正成型了。传统社会中，场所与建筑的联系是通过无意识地使用地方材料和地方工艺的方式显现出来的，是通过将景观与历史和神话联系起来加以表现的。今日我们必须发现联系场所与构筑的新方式，这是现代生活的建设性转化。

霍尔认为设计的思想和概念是从感受场所时开始孕育的，在一件将建筑与场所完美地结合起来的作品中，人类可以体会到场所的意义，自然环境的意味，人类生活的真实情景和感受以及人造物、自然与人类生活的和谐。这样，人们感受到的"经验"和体验就超越了单纯建筑的形式美，从而使建筑与场所现象学地联系在一起。一座建筑从建成时刻起，思想、概念和现象便交织在一起。在建筑实现前，时间、光线、空间、材料等建筑的形而上学骨架保持着一种无秩序状态，此时，设计构成的方式仍然是敞开的：线、平面、体积和比例都在等待着某种指令，某种催化剂。当场所、文化和设计任务给定后，一种秩序、一种思想就有可能形成。他认为特定的秩序是"外在的知觉"，现象（体验）是"内在的知觉"，外在知觉和内在知觉在一座建筑上交织在一起。站在这种立场上，体验和现象结合了概念和感觉的材料，从而使主观与客观结合在一起。通过将建筑锚固在场所上，理智的外在感知和感觉的内在知觉加入到了对空间、光线和材料赋予秩序的活动中。他认为建筑思想是一种在真实的现象中进行思维的活动，而这种现象在开始时是由某种想法引发的。在建筑设计的创造活动中，人们认识到想法仅是可以在现象中进行发展的一颗种子。无论是思考概念和感觉的结合，还是考虑观念和现象的交织，最重要的是要将理智和感情、精确性和灵魂结合在一起。

　　霍尔的作品揭示了环境和场所的内在精神，使人们领悟到了生活的美好内容。这种境界的获得与他采用现象学思想不可分割。对他来说，现象学不仅是一种设计方法，更重要的是一种关于建筑和场所本质的哲学基础，不采用现象学的观照方式就无法真正掌握建筑和场所的精神，从而无法正确解决建筑问题。他的早期建筑现象学设计思想有两个基本原则：其一是要在概念上将建筑与其所表现的现象学经验结合起来；其二是将建筑"锚固"在场所中。

　　诺伯格-舒尔茨在《场所精神：走向建筑的现象学》中认为建筑和城市设计主要应考虑"日常的生活世界"，因为"生活世界"构成了真实的现象，它包括自然中的全部真实事物。人们通过真实的"生活世界"得以抛弃各种"知识"和"成见"的束缚去把握事物的本质。在建筑思维中，如何回归、还原到事物的本质呢？诺伯格-舒尔茨认为应该对"场所"加以重视。"场所"不是抽象的地点，它是由具体事物组成的整体，事物的集合决定了"环境特征"。因此，"场所"是质量上的"整体"环境，人们不应将整体场所简化为所谓的空间关系、功能、结构组织等各种抽象分析范畴。这些空间关系、功能分析和功能组织均不是事物的本质，而是"成见"。成见会使人们失去对事物整体的真实把握，因此需要现象学"还原"方法，还原到对真实场所的整体把握。

　　霍尔总结出的有关建筑现象学的设计方法是在特定场所中锚固建筑的方法。霍尔认为，特定情景中的建筑与特定场所中的经验交织在一起。他又认为解决建筑场所的功能问题仅是物理范畴，物理范畴需要建筑的"形而上学"来引导。建筑通过与场所的融合，通过汇集特定情景中的意义得以超越物质和功能的需要，成为场所中具有深刻意义的景象。因此整体和真实地把握场所现象，并据此将建筑锚固在场所中便是霍尔设计思想的基石。"锚固"需要依靠人们的知觉，通过知觉把握场所的锚固点。霍尔将知觉分为两种：一种是"外在知觉"，主要指理论知识等已被人类接受的特定秩序；另一种便是现象，这是"内在知觉"。"锚固"将理智的外在感知和感觉的内在知觉结合在对空间、光线和材料赋予秩序的活动中。霍尔在《锚固》中说："建筑思维是一种在真实现象中进行思考的活动。开始时这种活动由某种想法引发，想法来自场所。"[1]锚固包括两方面：概念的锚固和经验的锚固。在将建筑锚固的同时，他利用不同的建筑要素来表达、强化、调节和限制场所经验。霍尔认同现象学是因为他认识到在建筑领域中至关重要的不是纯形式问题，而是如何处理建筑与场所关系的问题。

　　霍尔的作品从形式风格、设计方法和思想上大致可以分为两个阶段：第一阶段始于20世纪70年代中期，延续到80年代中后期。80年代后期开始，其创作进入另一阶段。第一阶段虽然没有大型建筑项目，但他认真思考每件小型工程和方案，重视建筑与场所之间的现象关系，并用民间建

● Steven Holl.Anchoring .New York: Princeton Architectural Press, 1989, 1991: 9.

图12　霍尔：伯克维兹住宅

筑中的丰富的建筑类型去建立、发展和强化建筑与场所的现象关系，使得作品透射出一种对人类生存境界的关注和理解，体现出了对人、建筑与场所关系的本质把握。霍尔的两件作品——伯克维兹住宅和"混合建筑"均产生于此阶段。伯克维兹住宅（Berkowitz House，Martha's Vineyard，1984，又称马萨曼园宅）是他早期杰出作品之一（图12）。在这件作品中，他对建筑与场所关系的处理达到了一种出神入化的地步。建筑与场所结合创造了场所的精神。建筑与场所的融合产生了一种迷人的"现象"，使人感受到真实的自然和生活的体验。从整体上讲，霍尔将景观、建筑和场所融合为了一个具有生活意义的整体。他在这件作品中使用了乡村住宅的"驼背长枪"类型❶。要了解这件作品，还需略知美国住宅构造、工艺和施工的传统方法和现代革新。美国住宅的传统木构架系统有两种：一种称作"平台式"，另一种称作"气球式（连续）框架"。"平台式"是指木框架不是连续的，而是一层层构造的，也就是在每层木框架顶部有木框架平台，其上再建造第二层木框架。"气球式"则是木框架连续发展直达二层屋顶。传统方法是用三合板将框架包裹起来。霍尔在这件作品中将"气球式"木框架暴露出来作为一种表现手段，天然的木框架与周围的自然环境自然地连接了起来。构造上所需的连续重复木框架则形成了简洁的韵律。

❶ 有关霍尔的乡村和城市住宅类型的分类概念请参见：
（1）Steven Holl. Rural and Urban House Type. New York/San Francisco: Pamphlet Architecture, 1983.
（2）禹食. 美国建筑师斯迪文·霍尔. 世界建筑，1993（3）.

　　"混合建筑"位于美国佛罗里达的滨海城。滨海城是由杜安尼和普蕾特-兹伯格（DPZ）规划设计的新城。DPZ的城镇法规规定了城市限高和建筑设计标准。霍尔根据城市的混合建筑类型，创造了一件既具城市景观特色，又融于自然环境之中的作品。这件作品中，商店、办公室和住宅三种类型的空间"混合"在一起❷。在该特定场所中，建筑体现出一种寂静、旷远和苍凉的效果。在内部空间布局中，他别具一格地创造出了产生不同经验的空间，表现出不同的空间"现象"，尤其是在三、四层的住宅处理手法上。他根据三位职业不同（一位音乐家，一位数学家，一位具有悲剧色彩的诗人）的住户的性格与职业特征设计出了对比强烈的富有戏剧效果的空间（图13、图14）。

❷ 有关霍尔的"杂交建筑"概念请参见：
（1）J. Fenton, Steven Holl. Hybrid Buildings. New York/San Francisco: Pamphlet Architecture, 1985.
（2）禹食. 美国建筑师斯迪文·霍尔. 世界建筑，1993（3）.

　　霍尔第二阶段的作品主要是城市建筑，他将注意力更多地集中在对形式语言、建筑要素与空间知觉感受的探索和研究上。他称这是对现代主义"开放词汇"在构成要素、形式、方法、几何上的发展。他称这

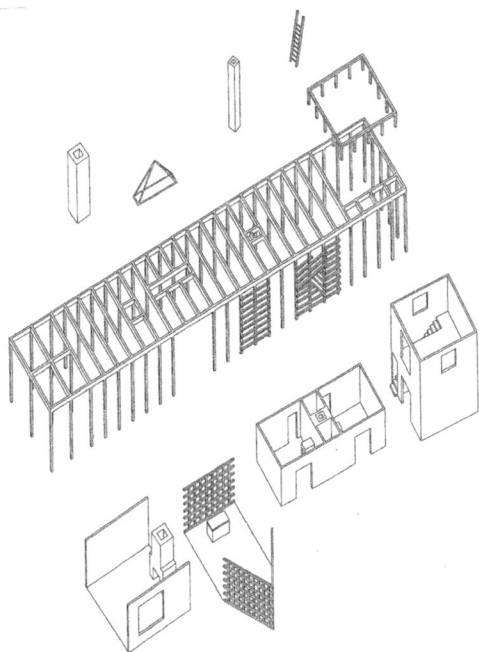

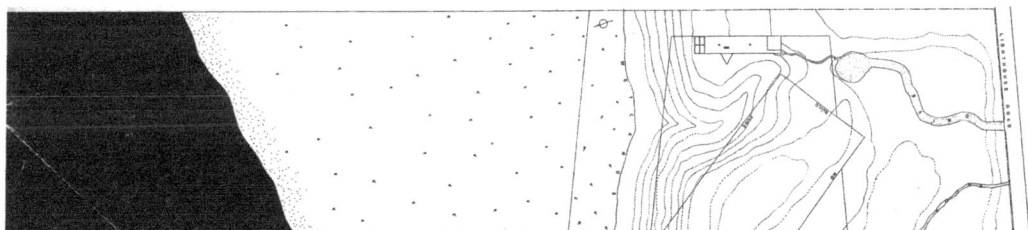

图13　霍尔：伯克维兹住宅场址和构成要素

图14　霍尔：杂交建筑

种形式探索发展了一种建筑的"原型要素"，这是一种开放语言。原型要素包括线、面和体。由此，霍尔开始与前一阶段疏远，民间建筑类型被一系列可置换的抽象形式关系所代替。从意大利维多利亚城市区设计（Porta Vittoria，Italia，1986）开始，霍尔大量使用线、面、体的"原型要素"，采用开放的形式语言和构成，开创了具有历史文化意义的新的发展方向。针对欧洲历史城市特点，他使用了"精致设计"方法，用现代城市建筑形式创造出了意义丰富的城市空间。这种发展方向在他以后的作品中进一步得到体现，有关这一点，将在本书的第二部分讲述。

霍尔的建筑表现展现出一种凝重、深刻、朴素而又本质的效果，可以使人体会到他对生存态度、建筑和场所本质的思考，使人们超越表面的建筑形式进入深一层的"本体论"和"形而上"的思考和情绪中。例如在"桥宅"的表现图中，光线、阴影、城市街道、城市建筑产生了一种特殊的精神现象，令人联想起欧洲城市空间和生活。在Van Zandt住宅铅笔表现中，浓密的树林，沉寂、黑暗、深不可测的背景，平静的池水和灰白的建筑无言地述说了建筑、场所和自然的关系，使观者获得一种内在的体验。霍尔是他同时代的美国建筑师中不多的受欧洲大陆现代哲学和主流音乐影响的建筑师之一，也就是受德国哲学家胡塞尔和海德格尔，音乐家巴托克（B. Bartok）和勋伯格（A. Schonberg）影响的建筑师❶。因此，霍尔成为了美国建筑师中杰出的代表。

❶ Kenneth Frampton. On the Architecture of Steven Holl// Steven Holl. Anchoring. New York: Princeton Architectural Press, 1989.

第二章

建筑：建筑知觉与生活体验

如果将秩序（观念）作为外部知觉，将现象（体验）看作是内在知觉，那么在一个物质的营造中，外部知觉（观念）和内在知觉就交织了起来。从这点上说，体验的现象是将概念和感觉结合起来的材料。主观与客观统一起来，（理智的）外在知觉和（感觉的）内在知觉被合成在空间、光线和材料的秩序中。

——斯蒂文·霍尔（Anchoring）

当注视着那些自身平和的物体和建筑时，知觉就会变得安静和迟缓，观察到的对象对我们来说没有信息，它们仅是简简单单地在那里。我们的知觉器官变得安静，不带偏见，没有欲望。这种知觉超越了符号和象征，它们是开放和通彻的，好似可以从某种我们无法在其上集中意识的事物中看出什么。在这里，在这种知觉的真空中，一种记忆，那种如同从时间的深处生发出来的记忆，得以出现。

——卒姆托（Atomospheres）

笛卡尔相信思维活动本身，怀疑感觉的可靠性。其理性主义呼唤将客观意义赋予事物，这些意义由推论和演绎而来，而非从感觉中获得。他的追随者更认为客观真理是从一个理念或观念的内在世界中得来，而不是从感觉中得来的。黑格尔则将美定义为观念在感官上的类似物，艺术是为感官创造的，但是他将可以接受美感的感觉器官限定为视觉和听觉器官，而将触觉、味觉和嗅觉器官排除在外。司各特（Geoffrey Scott）在他的《人文主义建筑》一书中认为：重量、压力和阻力是人们日常习惯的身体体验的一部分。无意识的模仿本能促使人们与明显可见的重量、压力和阻力相认同[1]。查尔斯·穆尔认为，在各种知觉器官中，视觉的地位在许多世纪内不断得到提升，而其他感觉物体的手段方式和知觉器官在形成对物体（包括建筑）的认知时都变得较为低下和不那么重要了。至19世纪末，几乎所有有关三维形式的审美问题都被人们自动地认为是视觉问题。"身体"这个词一般也被认为是描述物质的、非理性的和非精神的身体。这种将注意力集中在概念和意识过程，并与身体物理运动相对立强化了身体和意识分离的理论思想[2]。

心理学家吉布森（James Gibson）谈到，在1830年到1930年间，研究者罗列各种感觉范畴，列出清单，试图廓清感觉的范畴。经过仔细研究，研究者们发现，被亚里士多德称为第五种感觉的"触觉"似乎并不是单一的，就是说它并不是一种基本感觉单元。理由之一是它并没有一种犹如眼、耳、口、鼻的器官，皮肤似乎并不适合那种通常定义的感觉器官概念。为此，传统的"触觉"便被分为五种感觉：压力、冷、热、痛和运动觉。1830～1930年间的那种详尽感觉分析过于复杂，对于研究环境知觉无太大的帮助。吉布森的策略是将感觉作为一种在环境中积极搜寻和探索

[1] Geoffrey Scott. The Architecture of Humanism. N.Y.: Doubleday & Co., 1954: 171-173.

[2] Kent C Bloomer, Charles W. Moore. Body, Memory, and Architecture.New Haven and London: Yale University press, 1977: 29.

信息机制的系统，而不仅仅是一种被动的感觉接受器。借此，发展出一种基于身体所处理的环境信息类型，而非基于不同感觉器官和身体反应的更为简明和紧凑的感觉分类。吉布森的研究对建筑领域的贡献在于他对知觉在环境心理中的分析和发现以及对感觉，尤其是对触觉和其他非视听感觉的发现和重视。与亚里士多德相同，吉布森也列出了五种基本的感觉，不同的是，他将它们定义为五种知觉系统，这些知觉系统不需要利用智力活动来获得对象的信息。亚里士多德所列的五种感觉是视觉、听觉、嗅觉、味觉和触觉，吉布森的感觉系列是视觉系统、声学系统、嗅觉和味觉系统、基本定向系统和触觉系统。他将嗅觉与味觉归为一种系统的做法显示了他所强调的系统分类是根据所获得的信息种类，而不是接受器官的生理机能来进行的[1]。对于建筑、城市和环境研究者来说，他的贡献在于提出了定向系统和触觉系统，因为这两种系统对于理解三维尺度和空间性来说比其他系统作用更大。这两种感觉系统也是建筑现象学所强调的，海德格尔的存在现象学强调的是定居，而梅洛-庞蒂所引发的建筑现象学看重触觉等知觉领域。

　　对建筑、空间和场所的体验属于感知范畴，它可以是一种普遍的、集体层次的感受。但对建筑的深刻感受则是一种十分个人的体验，那种令人不可忘怀、梦魂萦绕、刻骨铭心的感受是个人独特和私密的体验。个人的经验固然与个人独特的遭际有关，但通常所谓的"触景生情"中的"景"与"情"说的是个人在"景"中的体验与感知。从表意之"景"的概念中走出来，去面对真实的景，对这种景的感知和体验需要一种纯粹的意识状态。这种意识状态需要将约定俗成的"成见"加以"悬置"，去除"偏见"去体验"景"之纯粹"现象"，在对建筑纯粹"现象"的体验中所获得的经验才是真情。处理纯粹"现象"的建筑师，或探讨现象如何在意识中呈现的建筑师对"景"是否表达历史和文化的内涵不感兴趣，他们所感兴趣的是人们对建筑最为直接和本质的体验。对他们来说，触景生情或"情"由"景"生都是最为本质和直接的个人感受。对这些建筑师来说，"景"便不是集体性的，而是十分个人化的。他们将个人独特的体验和感知转化并表现在"景"中，希图用个人化的"景"引来他人个人化的"情"。这种融入"景"中的独特个人体验是感人至深的。于是，用这种纯粹意识设计出来的建筑所呈现出的"现象"便会使人们获得一种亲切、温馨、纯正、真实的"情"。这种用身体各感觉器官来感知的整体内容，就是我们所熟悉的"气氛"（图15）。什么是气氛呢？对于卒姆托来说，气氛是一种审美范畴。他认为人们通过情绪的感受性和灵敏度来知觉气氛[2]。什么是气氛？卒姆托说："读一段我在笔记本中写下来的，为大家提供我所试图表述的'我在这里，坐在阳光下。一个在阳光下显得十分美丽的宏伟、高大的拱廊。那个广场为我提供了一个全景 —— 住宅的立面，

[1] James J. Gibson. The Senses Considered as Perceptual Systems. Boston: Houghton Mifflin, 1983.

[2] Peter Zumthor. Atmospheres: Architectural Environments Surrounding Objects. Basel: Birkhauser, 2006: 13.

图15 气氛：静心斋中水的庭院

教堂，纪念物，身后是咖啡店的墙，不多不少的人们。一个花市，阳光，十一点钟，广场的对面在阴影中，令人愉悦的蓝色。不同声域的奇妙噪声：邻近的对话，广场上的脚步声，踏在石头上的声音，鸟语声，人群中传来的有节制的低语声，没有汽车、没有发动机声，偶尔从某个建筑工地传来的噪声。我想象开始的节假日使人们走得更为缓慢。两个修女——我们现在回到现实中，不仅是我在想象——在空中挥动着她们的手……'" [1]。他接着说："什么使我感动？所有的事物。事物的自身，人、空气、噪声、声音、呈现的材料、肌理，还有形式——那些我能欣赏的形式。还有什么使我感动呢？我的情绪，我的感情（觉），坐在那里时充斥着我所期望的那种感觉。这不禁使我想起柏拉图那句名言：'美在于观者'。也就是所有的都在我自身。但是我做了一个实验：将广场拿走，感觉就不再是一样的了。当然，这是一个简单的实验，拿走广场，感觉消失，没有了那个广场的气氛，就不可能有那些感觉，实际上这很有逻辑性。人们与物体和对象互动。作为一个建筑师，这正是我经常面对和处理的。事实上，这正是我的激情之所在 [2]"。因此，知觉的建筑是与具体的生活体验不可分割的。

事实表明，成长在不同文化中的人们生活在不同的知觉空间中。在《隐藏的尺度》一书中，心理学家爱德华·霍尔（Edward T. Hall）认为，人们有关自身世界的图像总是不全面的，它只是对原物的一种近似 [3]。早期埃及人的空间体验与今人完全不同，他们主要考虑如何正确地定向，并将宗教和仪式性结构和建筑与宇宙同位地联系起来。金字塔和神庙在南北和东西主轴线上的建造和定位具有一种魔幻的效应，其目的是通过象征性地重复来控制超自然。这就是说，知觉是个人知觉和集体化知觉的综合产物。集体化的知觉与胡塞尔所重视的"主体间性"相关。"主体间性"讨论的是人们得以互相交流，在意识和心智方面的共同基础。在建筑理论中，林奇的"心智地图"虽然是根据心理学构造得来的理论，但其核心与"主体间性"思想有着交集。罗西在《城市建筑》中讨论的城市"记忆"思想和理论则与现象学所关注的知觉、体验和记忆密切相关。

帕拉斯玛认为建筑领域过分强调概念和理性的做法加速了建筑的物质化和具体化感觉的消失。前卫建筑通常会卷入建筑论战和说教中，从事前

[1] Peter Zumthor. Atmospheres: Architectural Environments Surrounding Objects. Basel: Birkhauser, 2006:15.

[2] Peter Zumthor. Atmospheres: Architectural Environments Surrounding Objects. Basel: Birkhauser, 2006:16.

[3] Edward T. Hall. the Hidden Dimension. New York: Anchor Books, 1969: 81.

卫建筑事业的人们所经营的无非是瓜分、企化和占领艺术领域中那些细微末节的领域，而忘记了回应人类"存在"的基本问题。[1]他认为如果希望建筑具有解放、治愈和医疗性的作用，代之以强化对存在意义的侵蚀，我们必须对在建筑知觉和体验的许多层面中的隐秘方式（这些方式将建筑艺术与其时代的文化和心智现实相联系）进行反思。

[1] Juhani Pallasmaa. the Eyes of the Skin, Architecture and the Senses .Wiley-Academy, 2005: 33.

知觉是人体器官解释和组织感觉以产生有关世界的概念的一个富有意义的体验过程。感觉通常是指受到刺激的感觉接受器官（如眼、耳、口、鼻或皮肤）所获得的直接的、相对来说没有经过处

图16　综合的体验：斑驳的座椅

理的体验结果（图16）。知觉，更好地描述了人们对于世界的最终经验，它通常涉及对感觉输入的进一步加工和处理。在实践中，感觉和知觉几乎无法分割，因为它们是一个连续的过程。因此，知觉描述了感觉刺激转化为有组织的经验的过程。历史上，有关知觉的系统思考属于哲学范畴。哲学对知觉的兴趣来自于对人类知识起源和有效性等问题的关注。现象学描述体验，因此，它是一种限于对人们以反省方式注意到的，而不去与外部物体之间存在的那种偶然联系做出任何假设的智力过程进行详细分析的哲学方法。

知觉部分地因刺激而产生，而不是意义或心智的阐述。感觉则在本质上有赖于物理刺激，人们通常认为知觉不完全由物理刺激引起，相反，知觉的本质具有某种主观性，它有赖于观者自身的投入。知觉超出刺激，由感觉而来，而又位于感觉之上。作为人们的有机组成部分的感觉是基本的，而且在不同人的身上具有相同性。知觉是第二位的，有赖于个人过去的体（经）验，因此，每个人的知觉是不同的。这种知觉理论对大部分实验现象来说是正确的，但对理解物质对象和空间环境则有些困难[2]。对空间和环境领域的知觉，尤其是视知觉，需要依靠身体的空间行为、肌肉的触觉和视网膜的共同作用才能进行。因此，知觉与感觉（尤其是触觉和体动学）是通过相互作用而进行的[3]。

[2] James J. Jibson. the Perception of the Visual World. Cambridge, Mass.: The Riverside Press, 1950: 11-14.

[3] James J. Jibson. the Perception of the Visual World .Cambridge, Mass.: The Riverside Press, 1950: 223-226.

现象学研究人们第一手体验的意识结构。体验的中心结构是其意向性，那种指向某物的存在，与某物的体验或有关某物的体验是相同的。体验通过其内容和意义（这种意义代表了该对象）指向某物。现象学作为一个哲学领域，与哲学的其他领域，例如本体论、认识论、逻辑和道德论

不同，但有着关联。现象学起初被定义为对体验或意识结构的研究。从字面上讲，现象学是研究"现象"的，所谓现象，就是事物的表象和显现，或是在我们的体验中显现的事物。因此，现象学所研究的是被主体体验或第一手经验到的意识体（经）验以及相关体验条件的意识结构，而体验的中心结构是其意向性。通过其意向或意义指向世界中的特定事物的方式。体验不仅包括那种相对被动的体验，例如视觉和听觉，而且包括主动的体验，譬如行走、做饭、搬东西等。那么，如何研究意识体验呢？人们对不同种类的体验进行反思，就像人们体验它们一样。这就是说，人们以第一人称、第一手经验来进行反思。对一首歌的体验和一种爱的感受的反思和重新体验就是例证。

在目前的哲学思维中，现象学这个词通常限定于对视觉、听觉、嗅觉等感觉特征的描述，也就是对不同种类的感觉所进行的描述。通常我们的体验在内容上远比感觉要丰富，相应地，在现象学传统中，现象学被赋予更为广阔的范畴，它讨论在体验中具有意义的事物，尤其是物体、事件、工具、时间的流逝等事物在人们的"生活世界"中出现和体验时的意义和重要性。

现象学研究不同种类的体验结构，包括知觉、思维、记忆、想象、情绪、欲望以及身体意识中形象化了的身体。这些体验的形式结构通常涉及被胡塞尔称为"意向性"的内容。意向性就是指向世界中事物的那种体验的方向性，也就是事物和有关事物的意识性质。根据胡塞尔的经典现象学，经验是通过特定的概念、思想、观念、形象、意向等指向（表现或意向）事物的。它们构成了特定体验的意义和内容，而这些意义和内容与其表达或意味的完全不同。通过反省分析，人们发现意识的基本意向结构涉及进一步的体验形式。这样，现象学发展为一种十分复杂的记述暂时知觉、空间知觉、注意力、对自身体验的理解、自我意识、具体和形象化的行为、行为的目的和意向以及生活世界中具体的日常活动的哲学理论和方法。

对意识的体验是现象学的出发点，可是人们对注意力边缘的事物仅有模糊的意识，对周围世界的事物通常是暗示性地意识到，对活动和行为模式也不具有明确的意识。正如精神分析学家强调的，人们的大部分心智活动都不是意识，但是通过分析和心理医疗过程，它们可以成为意识。因此，现象的范畴可以从意识扩展到部分的意识，甚至无意识。梅洛-庞蒂则将重点集中在"身体形象"上，也就是人们对自己身体的体验以及这种体验在人们的活动中的重要性。他将胡塞尔有关"生活的身体"的概念加以扩展和延伸，拒绝笛卡尔主义有关身心分离的思想传统，因为他认为身体形象既不在心智领域，也不在机械和物理的领域。相反，我的身体是我在我所参与的活动与我感知到的其他事物（包括其他人）中体验和呈现出来的。梅氏现象学强调注意力在现象域中所起的作用，这包括身体的体验，身体的空间性等。对他来说，主体性的本质被这个身体和这个世界所束缚。这是因为：我作为主体性（意识）的存在，仅仅是作为我的身体的存在和这个世界的存在，是因为作为这个具体主体的我与这个身体和这个世界是不可分割的。简而言之，意识是在世界中具体而形象化的。同样，身体也是被意识（包括对世界的认识）融合的❶。

亲密性的层次与近体性和距离有关，建筑师一般会将其称为尺度，卒姆托则认为尺度听起来过于学究气。他意图指出这是一种更为身体性的思想而不仅仅是纯粹的大小、尺寸和尺度。❷

1.梅洛-庞蒂的知觉论

海德格尔有关存在的讨论引发了建筑理论界对场所的重视，梅洛-庞蒂有关知觉的思想则引起了建筑师们对建筑知觉、建筑体验的重视。赫维特（Catherine Howett）曾提出如下的问题："'必须重视知觉的门户'意味着什么？知觉门户是否仅意味着眼睛？人们是否仅仅依靠眼睛来感知世界？"建筑界对知觉领域的讨论并不很深入，通常习惯性地认为建筑知觉是通过视觉获得的，认为其他知觉领域与建筑无关，因而不加考虑。重视建筑现象学的学者则对其他几种建筑知觉进行探讨。无疑，他们的思想态度受到了梅洛-庞蒂《知觉现象学》的影响。梅洛-庞蒂的知觉现象学从知觉入手，知觉和体验的获得是通过身体和身体在空间和环境中的运动进行的。

（1）知觉的首要性

在《知觉的首要性》中梅洛-庞蒂认为："不带偏见的心理学对知觉的研究表明感知的世界并不是客观物体（在这里，客观物体是按照科学对这个词的使用方式来理解的）的总和，我们与世界的关系不是那种思考者与思考之物的关系。最后感知事物的整体，如同由几个意识所感知的那样，是与由若干思想家所理解的命题和定理的统一不可比的。任何多于感知存在的就相当于观念和唯心的存在。"❸因此，他认为我们无法将传统形式和内容施加于知觉上。同时，我们也无法想象作为意识的知觉主体能够按照一种意识所具有的理想规律来"分析"、"整理"、和"解释"一个能够感觉得到的事物。

他进一步认为观念的肯定性并不是知觉肯定性的基础，相反，观念肯定性的根据是知觉的肯定性。在知觉中，知觉的体验为人们提供了从一个时刻到另一个时刻的通道，从而实现了时间的统一性。从这个角度讲，所有意识都是知觉。因此，他说："知觉的世界总是所有理由、所有价值和

❶ 莫里斯·梅洛-庞蒂. 知觉现象学. 姜志辉译. 北京: 商务印书馆, 2005.

❷ Peter Zumthor. Atmospheres: Architectural Environments Surrounding Objects. Basel: Birkhauser, 2006: 49-51.

❸ Maurice Merleau-Ponty. The Primacy of Perception. James M. Edie. Evanston: Northwestern University Press, 1964: 12.

所有存在事先设定的基础。我们是否应该如同心理学家经常做的那样说我向自己描述和表现了这盏灯的我们看不到的其他几个面。但如果我说这几个面是表象时，我就暗示了它们并不像真实的存在那样为我们所理解和掌握：因为所表现的现在并不在我们面前，我并没有实际上感知它。它仅是可能。但是，因为这盏灯的没有见到的其他几个面并不是想象，只是在这个角度不能为视线所见，因此我不能说它们是表现。我们也不能说那不可见的在某种程度上是由我预测的，例如根据几何学的规律推测得知的。也就是说，在这种假设下，我会知道那不可见的面是我的知觉发展的一定规律的必然结果。但是如果我转向知觉自身，我则无法这样解释，因为我们可以这样组织上面的分析：灯有背面是个真理，立方体除我见到的还有其他几面也是真理。但是'这是真理'这个公式并不与在知觉中我所被给予的相符合。知觉并不像几何学那样给予我真理，知觉只给予存在和呈现。我感知到在我面前有一条路，或一座房子，我感知到它们具有一定的尺度，也就是说，这条路也许是一条乡间小路，或国道，房子可能是棚屋或是庄园。这些识别都事先假定我已经识别出物体的真实尺寸，当然这个真实尺寸与我所处位置观察到的，或事物向我呈现的事物有着很大的不同。人们经常说通过对显现的尺寸的分析和推测，我重新恢复了事物的真实尺寸。但是，正是因为同样的原因，我们正在讨论的显现的尺寸并不是我感受和知觉到的这个命题是不准确的。一个十分明显的事实是没有被指示和受过有关教育的人并不懂得透视。这样的人要经过长时间思考才能感受到物体的透视变形。"❶

　　知觉是不可分解的，人们不可能将知觉分解为感觉的集合，因为在知觉中，整体总是先于部分，并且这种整体也不是一种观念的整体。我们最终发现的意义也不是观念的秩序。如果它是一种概念，那么问题就成了人们如何能够在感觉数据和信息中识别出这种概念。因此，有必要在开始时使将知觉的符号和意义、形式和内容联系在一起，就像梅洛-庞蒂所说的：知觉的内容"孕育着知觉的形式"❷。梅洛-庞蒂认为从人们所占据的视点（地点）观看物体，物体以一种"变形"了的方式给予观者的现象并不是偶然的，这就是所谓"真实"的代价。因此，知觉的综合必须通过主体来完成，主体可以在物体中划定一定的透视领域（那种在实际情况下被惟一给予的），同时，超越这些透视领域。这个主体就是作为知觉和行为领域的我的身体。在这里，知觉在原则上被理解为一个整体，但是这个整体仅能通过它的部分和局部领域来加以掌握。

　　知觉自身又是矛盾的，这是因为感知的事物自身是矛盾的。感知的事物的存在有赖于人们能够感知它。贝克莱曾经说："如果我试图想象我从来没有看见过的世界上的某个地方，'想象'这个事实本身已经使我出现在那个地方。人们不能想象一个自己从来没有亲临其境的可知觉的

❶ Maurice Merleau-Ponty. The Primacy of Perception. James M. Edie. Evanston: Northwestern University Press, 1964:14-15.

❷ Maurice Merleau-Ponty. The Primacy of Perception. James M. Edie. Evanston: Northwestern University Press, 1964:15.

地方。"因此梅洛-庞蒂说："在知觉中，内在和先验之间有着矛盾。内在，是由于感知到的物体对于观者来说不可能是陌生的；先验，是因为它总是包含某些比实际上给予的更多的东西。恰当地说，知觉的这两种要素并不对立。因为如果让我们思考透视的概念，如果在思想中重造知觉体验，我们就可以看到那个适合于知觉的证据。"❶

　　此外，世界自身不应该被理解为数学家和物理学家的世界。康德认为人们只有通过已经体验的世界，才能对其进行思考。作为我与世界所有接触和联系的系统，正如我的身体与其他身体一样在所知觉的对象上发现了统一性——主体间性存在的新尺度，换句话说，"客观性"。梅洛-庞蒂在《知觉现象学》中认为：在进行反省之前，世界作为一种不可剥夺的呈现始终"已经存在"，所有的反省努力都在重新找回这种与世界的自然联系。他又认为现象学也是关于"主观"空间、时间和世界的一种解释。它试图直接描述我们的体验之所是，不考虑体验的心理起源，不考虑学者、历史学家和社会学家可能给出的关于体验的因果解释。❷

（2）意识、身体运动与空间

　　意识在现象学的探讨中占有重要的地位，因为现象学所讨论的存在是呈现在意识中的存在，或呈现给意识的现象。因此，有必要探讨什么是梅洛-庞蒂的现象学意识。

　　梅洛-庞蒂认为，如果一个存在是意识，那么它必定只是一种意向结构。如果一个存在不能再用表达来定义，那么它将重新回到物体的状态，而物体是没有认识能力的。因此，物体不是一个真正的"自我"，即不是一个"自为"的东西，它只是时空的个体化，一种自在的存在，但不是意识。在意识中显现的不是存在，而是现象。具体运动和抽象运动、触摸和指出的区分是生理现象和心理现象、自在存在和自为存在之间的区分。只有当人们把触摸和指出作为与物体联系和在世界上存在的两种方式，这两种反应才不会相混淆❸。因此"自为"的存在是意识，"自在"的存在仅仅是物体。

　　意识的本质在于它向自己呈现一个或多个世界，也就是使自己的思想作为物体出现在自己面前，意识在呈现和离开这些景象时，必然证明它的力量。带着沉淀和自发性双重因素的世界结构处在意识的中心。具有正常意识的主体使得知觉进入物体，并掌握物体的结构；而物体则通过人的身体直接支配人的运动。主体与客体的这种相辅相成的对话，这种主体对分散在客体中意义的重新占有以及反过来客体对作为外观知觉的主体意向的重新占有，在主体周围设置了一个能把本身告诉给主体的世界。因为这些知觉必须以外部世界在内部世界中再现和外部世界对内部世界的重新占有为前提❹。

❶ Maurice Merleau-Ponty. The Primacy of Perception. James M. Edie. Evanston: Northwestern University Press, 1964:15；16.

❷ 莫里斯·梅洛-庞蒂.知觉现象学.姜志辉译.北京：商务印书馆，2005：1.

❸ 同上：165.

❹ 同上：176-177.

意识的生活包括认识的生活、欲望的生活和知觉的生活。它是由梅洛-庞蒂所称的"意向弧"支撑的，意向弧在人们周围投射人们的过去和将来、人们的人文环境和物质环境、人们的意识形态情景和精神情景。更确切地说，它使我们置身于所有这些关系中。正是这个"意向弧"造成了感官的统一性，感官和智力的统一性，感受性和运动机能的统一性[1]。梅洛-庞蒂还认为将意识投射到一个物质世界中，就会有一个身体，就像意识投射到一个文化世界，就会有一些习惯，因为每一种主观形式都趋向于某种普遍性，不管是我们习惯的形式，还是我们"身体功能"的形式。这说明最终能明确地把运动机能理解为最初的意向性，也就是意识的初始状态的并不是"我思……"，而是"我能……"。

梅洛-庞蒂的"我能……"意味着身体和视觉等人体器官所具有的运动能力。视觉和运动是人们和物体建立联系的特殊方式，所表现出来的惟一功能，是不取消各种基本内容的生存运动，因为生存运动不是靠把运动和视觉置于"我思……"的支配之下，而是靠把运动和视觉引向对"世界"发生感觉之间的统一性，而把运动和视觉联系在一起。由此看来，意识的基础和结构是由身体的视觉和运动机能决定的。视觉和身体的运动机能不仅是意识的先决条件，而且就是前意识行为。梅洛-庞蒂说："每个随意运动都发生在一个环境里，发生在由运动本身确定的背景中……我们并不是处在一种'空洞'、与运动没有关系的空间里，而是（在）与运动有一种非常确定的关系的空间里做运动：真正地说，运动和背景只不过是人为地与一个惟一整体分离的诸因素。""在手伸向一件物体的动作中，包含了一种关于并非作为表征的物体，而是作为这种非常确定的东西的物体的指称，我们就是投向这种物体，我们预先处在它旁边，我们经常与它打交道。意识是通过身体以物体的方式存在的。当身体理解了运动，也就是当身体把运动并入它的'世界'时，运动才能习得，运动身体，就是通过身体指向物体，就是让身体对不以表象施加在它上面的物体的作用作出反应。……为了能把我们的身体移向一个物体，物体首先为我们的身体存在，因而我们的身体应不属于'自在'的范围"，[2]而应属于"自为"的范畴。

梅洛-庞蒂明确地指出身体与空间和时间的内在融合关系，他说："不应该说我们的身体在空间里，也不应该说我们的身体在时间里。我们的身体寓于空间和时间中。如果运动回忆从中产生的知觉本身不包含一种'这里'的绝对意识，缺了它，人们只能从记忆退回记忆，并且不能形成当前的知觉，正如身体必然在'这里'，身体也必然在'现在'；现在不可能成为'过去'，如果我们不能在健康状态下保存对疾病的生动回忆，也不能在成年后保存对童年时身体的回忆，那么这些'记忆的空缺'仅表示我们身体的时间结构。在一个运动的每一时刻，以前的时刻并非不被关

❶ 莫里斯·梅洛-庞蒂.知觉现象学.姜志辉译.北京：商务印书馆，2005：181.

❷ 莫里斯·梅洛-庞蒂.知觉现象学.姜志辉译.北京：商务印书馆，2005：183-185.

注，而是被放入现在。总之，目前的知觉在于依据当前的位置重新把握一个叠起来的一系列的位置……因为我有一个身体，因为我通过身体在世界中活动，所以空间和时间在我看来不是并列的点的总和，更不是我的意识对其进行综合和我的意识能在其中包含我的身体的无数关系；我不是在空间里和时间里，我不思考空间和时间；我属于空间和时间，我的身体适合和包含时间和空间。这种把握的范围规定了我的存在范围；但这种把握无论如何不可能是完全的：我寓于其中的空间和时间贯穿始终地拥有包含其他观看位置的不确定界域。同空间的综合一样，时间的综合也始终需要重新开始。我们身体的运动体验不是认识的一个特例，它向我们提供进入世界和进入物体的方式，一种应该被当作原始的，或最初的'实际认识'。"❶

他进一步阐述道："我的寓所在我看来不是一系列紧密联系在一起的表象，只有当我仍然把寓所的主要距离和方向留'在手里'或'在脚中'，只有当各种意向之线离开我的身体到达我的寓

图17　长廊：运动、身体与空间

所时，我的寓所才能作为熟悉的领域留在我的周围。"❷与具体空间及其绝对位置相比较，正常模仿的活动空间不是基于一种思维活动的"客观空间"或"表象空间"。这个空间已经出现在自己身体的结构中，是自己身体结构不可分离的关联物（图17）❸……至于每一次弹奏，每一次踏板，他记住的不是在客观空间里的位置，他没有把这些位置放入"记忆"。在排练和演出期间，管子组、踏板和琴键只是作为这种感情或音乐意义的力量呈现给他的，而他们的位置只是作为这种意义出现在世界中的地点呈现给他的。乐谱上的乐曲的音乐本质和实际上在管风琴中回响的乐曲之间，有一种非常直接的关系，以至于演奏者的身体和乐器只不过是这种关系的经过地点。从此，乐曲通过自身而存在，并且正是通过乐曲，其他的一切才存在……演奏者不是在客观空间里进行演奏的。事实上，他在排练期间的演奏动作就是在祝圣仪式上的演奏动作：这些动作体现了富有感情的力量，发现了激动人心的源泉，创造了一个富有表现力的空间，就像占卜者的动作划定了神庙的范围❹。

由此可见，身体不只是所有其他空间中的一个富有表现力的空间。

❶ 莫里斯·梅洛-庞蒂.知觉现象学.姜志辉译.北京：商务印书馆，2005：185-186.

❷ 莫里斯·梅洛-庞蒂.知觉现象学.姜志辉译.北京：商务印书馆，2005：173-174.

❸ Maurice Merleau-Ponty. Phenomenology of Perception. Routledge Classics：166.

❹ 莫里斯·梅洛-庞蒂.知觉现象学.姜志辉译.北京：商务印书馆，2005：191-193.

被构成的身体就在那里，它就是空间。这个空间是所有其他空间的起源，也是表达运动本身。它将意义赋予一个地点，并把意义投射到外面，它使得意义作为物体在我们的手中、在视觉的注视下开始存在。梅洛-庞蒂认为，即使我们的身体不像动物那样，把一出生就规定的本能强加给我们，也至少把普遍的形式给予我们的生命，使我们的个人行为在稳定的个性中延伸。在此意义上，本性不是一种旧习惯，因为习惯必须以本性的被动性形式为前提。身体是我们拥有一个世界的一般方式，有时，身体仅局限于保存生命所必需的行为，反过来说，它在我们周围规定了一个生物世界。有时，身体利用这些最初的行为，经过行为的本义到达行为的转义，并通过行为来表示新的意义的核心。最后，被指向的意义可能不是通过身体的自然手段联系起来的，所以，应该制作一件工具，在工具的周围投射一个文化世界[1]。

此外，动作的意义不是呈现的，而是被理解的，也就是被旁观者的行为重新把握的。困难在于想象这种行为，而不把这种行为与认识活动混同起来。动作的沟通或理解是通过人们的意向的相互关系实现的。"所发生的一切像是他人的意向寓于我的身体中，或我的意向寓于他人的身体中……当我的身体的能力与这个物体相符和适用于它时，这个物体就成了现实的物体，就能完全被理解。动作如同一个问题呈现在我的前面，它向我指出世界的某些感性点，它要求我把世界和这些感性点连接起来。当我的行为在这条道路上发现了自己的道路时，沟通就实现了……通过知觉体验的物体的统一性只不过是在探索运动过程中身体本身统一性的另一个方面。"他说："意识间的沟通不是建立在其体验的共同意义的基础上，而是沟通产生了共同意义……意义在动作本身中展开，正如在知觉体验中，壁炉的意义不在感性景象之外，不在我的目光和我的运动在世界中发现的壁炉本身之外……看来一开始就不可能给予词语和动作一种内在的意义，因为动作仅限于指出人和感性世界之间的某种关系，因为这个世界是通过自然知觉呈现给旁观者的，因为意向物体以这种方式和动作本身同时呈现给旁观者。可支配的意义，即以前的表达行为，在会说话的主体中间建立了一个共同世界，而当前的和新出现的言语就和这个共同世界有关联，就像动作和感性世界有关联。"[2]

因此，任何一种知觉习惯也是一种运动习惯。学看颜色，就是获得某种视觉方式，获得一种身体本身的新用法，就是丰富和重组身体图式。作为运动能力或知觉能力体系的身体，不是"我思"的对象，而是趋向平衡的整体主观意义。有时，新的意义组结形成了；人们以前的运动融合进一种新的运动实体，最初的视觉材料融合进一种新的感觉实体，人们的天生能力突然与一种更丰富的意义联系在一起[3]。

身体是感知、体验和知觉的接受器。然而，如果我们面对的是空间或

[1] Maurice Merleau-Ponty. Phenomenology of Perception. Routledge Classics：194.

[2] Maurice Merleau-Ponty. Phenomenology of Perception. Routledge Classics：243.

[3] Maurice Merleau-Ponty. Phenomenology of Perception. Routledge Classics：202-203.

是去感知物体，那么就不容易重新发现具体化的主体与其世界的关系，因为在认识主体和客体的纯粹联系中，主体本身发生了变化。事实上，自然世界在为"我"存在之外，已经是自在的存在，这样主体得以向世界开放的超验性活动本身已不存在。我们面对的是一个不需要为存在而被感知的自然。因此，如果要阐明为人们而存在的起源，就应该考虑人们的体验领域，即对我们的感情环境进行完整的讨论。显然，具体的体验只对具体的人来说才具有意义和实在性。

梅洛-庞蒂认为"存在"一词只有两种意义：人作为物体存在，或者作为意识存在。身体自身的体验向人们显现了一种模棱两可的存在方式，因为身体不是一个物体。出于同样的原因，人们对身体的意识也不仅是一种思想，也就是说，人们不能分解和重组身体，以便对身体形成一个清晰的观念。身体的统一性是不明确和含糊的。身体被文化改变前扎根于自然，从不自我封闭，也不被超越。不管是他人的身体，还是自己的身体，除了体验它，即接受贯穿身体的生活事件以及与身体融合在一起，人们没有别的手段认识身体。身体本身的体验和反省运动完全相反，反省运动从主体中得出客体，从客体中得出主体，反省仅给予我们身体的观念和观念的身体，而不是身体的体验和实在的身体❶。

身体则不同，身体本身在世界中，就像心脏在机体中：身体不断地使可见的景象保持活力，带给它生命，从内部供给它养料，与之一起形成一个系统。当我在寓所里走动，如果我不知道寓所的每一个外观相当于从这里或那里被看到的寓所，如果我没有意识到我自己的运动，如果我没有通过我的运动的各种位置意识到自己身体所保持的特征，那么，呈现给我的寓所的各种外观在我看来可能不是同一个物体的各种断面。我当然能在思想中俯视寓所，想象寓所，或在纸上画出寓所的平面图，但如果不通过身体的体验，我就不可能理解物体的统一性，因为我称之为平面图的东西只不过是一个较全面的景象：这是"从上面看的"寓所，我之所以能把寓所的所有熟悉景象概括到平面图中，是因为我知道同一个具体化主体能依次从不同的角度观看同一个平面❷。

再者，运动本身的体验只不过是知觉的一个心理条件，对确定物体的意义没有用处，物体和我的身体能形成一个系统，但该系统是一系列的客观关系，而不是一个主观对应的集合。空间限制在一个立方体的各个面之间。在空间中，如果没有一个心理物理主体在场，就没有方位，就没有里面，也没有外面。为了能思考立方体，我们需要在空间中占据位置，有时在立方体表面，有时在它里面，有时在它外面，这样，我们就能在一定的距离上看到立方体。立方体看起来是自为的，但立方体不是自为的，因为它是一个物体。如果人们试图俯视物体，而不是从一个自然的观看位置思考，就会破坏物体的内在结构。人们看到一个六面立方体，并能把握物

❶ Maurice Merleau-Ponty. Phenomenology of Perception. Routledge Classics：257.

❷ Maurice Merleau-Ponty. Phenomenology of Perception. Routledge Classics：262.

体，不是因为人们从内部构成物体，而是因为人们通过知觉体验进入世界
的深处。为了在物体的显现后面重建物体的真正形状，人们并不需要考虑自
己的运动，因为考虑已经作出，新的显现已经和主观运动结合在一起，并表
现为一个立方体显现。物体和世界是和身体的各部分一起，不是通过一种
"自然几何学"，而是在一种与存在于身体各部分之间的联系相同的活生生
的联系中呈现给人们的。物体的综合是通过身体本身的综合实现的❶。

❶ Maurice Merleau-Ponty.
Phe-nomenology of Perception.
London and New York: Routl-
edge,1962:251-252.

❷ 莫里斯·梅洛-庞蒂. 知觉现
象学. 姜志辉译. 北京：商务印
书馆，2005：265.

❸ 同上：297.

❹ 同上：305.

身体图式的理论不言自明地是一种知觉的理论。在这种理论中，我们
重新学会感知自己的身体，我们在客观的和与身体相去甚远的知识中重新
发现了另一种关于身体的知识，因为身体始终和我们在一起，我们就是身
体。我们应该用同样的方式唤起向我们呈现的世界的体验，因为我们通过
自己的身体在世界上存在，因为我们用身体感知世界。当我们以这种方式
重新与身体和世界建立联系时，我们将重新发现自己，因为如果我们用身
体感知，那么身体就是一个自然的我，同时也是一个知觉主体❷。

对感知进行综合并不是对认识的主体进行综合，而是对身体进行综
合。身体在其周围投射某种"环境"，因为身体的"各个部分"在动力方
面相互认识，因为身体的感受器随时准备通过协同作用使关于物体的知觉
成为可能。意向性把身体本身图式的全部潜在知识当作已经获得的知识。
所以，梅洛-庞蒂认为知觉综合依靠身体图式的前逻辑统一性，除了身体
本身的秘密，不再拥有物体的秘密，这就是为什么被感知的物体始终表现
为超验的，这就是为什么综合发生在物体中，发生在世界中而不是发生在
作为有思维能力的主体这个形而上学的场所中，这就是知觉综合和理智综
合的区别❸。他说："我们把感知世界的综合交给身体，而身体不是一种
纯粹的直接材料，不是一种被动接受的东西。然而，在我们看来，知觉综
合是一种时间综合，知觉方面的主体性不是别的，就是时间性，就是能
使我们把它的不透明性和历史性交给知觉主体的东西。"❹这一点与记忆
不同，在记忆中，没有时间性，记忆将过去的体验当下化，把过去放在
目前。

空间是身体活动的地方，空间不是物体得以排列的方式，而是物体
的位置得以成为可能的方式。用梅洛-庞蒂的话说就是：我们不应该把空
间想象为充满所有物体的一个苍穹，或把空间抽象地设想为物体共有的一
种特性，而应该把空间构想为连接物体的普遍能力。因此，要么我不进行
反省，我生活在物体中，我模模糊糊地时而把空间当作物体的环境，时而
把空间当作物体的共同属性，要么我进行反省，重新理解空间，在当前，
思考在空间这个词语下的各种关系，发现这些关系是通过描述它们和支撑
它们的主体才得以存在的，我从被空间化的空间转到能空间化的空间。在
第一种空间里，身体和物体，根据上和下、左和右、近和远在它们之间形
成的具体关系，能向我表现一种不可还原的多样性。在第二种空间里，我

发现一种惟一的和不可分割的描述空间的能力。在第一种空间里，我与物理空间及其不同性质的区域打交道；在第二种空间里，我与其各个维度可相互替代的几何空间打交道❶。他还说："一个平面的构成必须以另一个已有的平面为前提，空间总是先于本身。但是，这个反对意见还告诉我们空间的本质和理解空间的惟一方法。对空间来说，本质的东西是始终已经'被构成'，如果我们回到没有世界的知觉中，我们就不可能理解空间……知觉体验向我们表明，这些事实是在我们与存在的最初相遇中被预先假定的，存在就是处在。"❷

梅洛-庞蒂认为，从宽度、高度和深度看，空间的各个部分不是并列的，而是共存的，因为空间的各个部分都被包含在身体对世界的一种惟一把握中，当我们指出这种关系首先是时间，然后是空间时，这种关系已经被阐明。物体在空间里共存是因为物体在同一个时间波里呈现给同一个有感知能力的主体❸。他进而认为空间方向不是物体的一种偶然属性，而是人们得以认识物体，把物体意识为物体的手段。任何可想象的存在都直接或间接地与感知世界有着联系，由于感知世界只能在方向上被理解，所以人们不能把存在和有方向的存在分开。当人们出现在给予他们的某个"环境"中的时候，生活在其中的每一个平面就会依次出现。该环境本身仅仅是空间上确定的一个事先已有的平面。人们的一系列体验，包括最初的体验，就以这种方式传递一种已经获得的空间性。身体与世界的联系比思维与世界的联系更长久，空间既不是一个物体，也不是与主体的联系活动。人们不能观察到空间，因为它已经在一切观察中被假定，人们不能设想它离开构成活动，因为空间已经被构成。空间就是以这种不显现本身的方式把它的空间规定性给予景象的。

（3）知觉与感觉、体验与感知

如果知觉不把过去保持在现在就没有现在。知觉并不在当前对对象进行综合，这不是因为知觉以经验主义方式被动地接受对象，而是因为物体的统一性是通过时间表现出来的，是因为随着物体被重新把握，时间消失了。人们依靠时间使以前的体验在以后的体验中嵌入和再现，但是，我对我的绝对拥有是不可能的，因为将来的空隙始终将会被一个新的现在所填充❹。

最初或原初的知觉是一种非自发的、前客观和前意识的体验。知觉是每时每刻世界的一种再创造和再构成。人们之所以相信书本上描写的世界、物质的世界、过去的世界和他人的经历和感受，是因为人们"有一个当前的和现实的知觉场，一个与世界或永远扎根在世界的接触面，是因为这个知觉场不断地纠缠和围绕着主体性，就像海浪围绕着在海滩上搁浅的船只的残骸。一切知识都通过知觉处在开放的界域中"❺。因此，知觉的

❶ 莫里斯·梅洛-庞蒂.知觉现象学.姜志辉译.北京:商务印书馆,2005:311.

❷ 莫里斯·梅洛-庞蒂.知觉现象学.姜志辉译.北京:商务印书馆,2005:321.

❸ 莫里斯·梅洛-庞蒂.知觉现象学.姜志辉译.北京:商务印书馆,2005:350.

❹ 莫里斯·梅洛-庞蒂.知觉现象学.姜志辉译.北京:商务印书馆,2005:307.

❺ 莫里斯·梅洛-庞蒂.知觉现象学.姜志辉译.北京:商务印书馆,2005:266.

❶ 莫里斯·梅洛-庞蒂.知觉现象学.姜志辉译.北京:商务印书馆,2005:349.

❷ Maurice Merleau-Ponty. Phenomenology of Perception. London and New York:Routledge,1962: 237-238.

❸ 同上:279.

❹ 同上:284.

存在和呈现有赖于身体和身体所在的知觉场的同时存在，这是一种身心与物质的统一。梅洛-庞蒂认为感知的圆不一定有相等的直径，这是因为知觉中的圆根本就没有所谓的"直径"：显现给我们的圆形是通过其外观，而不是通过思维、逻辑分析后得来的有关园的"属性"❶。由此可见，知觉和逻辑思维的方式是完全不同的。

如果没有身体的反应、适应和协调，感觉就不可能发生。感觉具有一种先于感觉存在和在感觉后继续延续的感受性。我们知道观看和触摸某个物体的人不仅仅是我们自己，可见的世界和可触摸的世界也不是整个世界，这是感知世界的独特性质。当某人看见某物时，他总是感到在目前可见的东西之外还有存在，不仅有可见的存在，还有通过听觉和其他感觉器官可察觉的存在，不仅有感性的存在，还有任何感觉都提取不尽的一种物体深度。人们的每种感觉都属于某个场，当某个人说他有一个视觉场，就是说他通过位置通向和进入一个存在系统。因此，梅洛-庞蒂说："视觉是前个人的，也就是说，视觉始终是有限的，在任何给定时刻我目前的视觉周围，始终有一个不能被看见，甚至不可见的物体的界域。视觉是一种受制于某个场的思维，这就是人们叫做感官的东西。"❷

不同感官的差别可以通过感官和智力活动的差别得到解释。梅洛-庞蒂批评理智主义者不谈论感官，因为在理智主义者看来，只有当人们为了分析而回想起具体的认识活动时，感觉和感官才显现出来。所以，对理智主义者来说，没有感官，只有意识。例如理智主义者拒绝提出感官有助于空间体验形成的问题，因为作为认识材料的感觉性质和感官本身不可能拥有普遍地说作为客观性形式的空间、特殊地说作为性质的意识得以成为可能方式的空间。他说："如果感觉不是对某物的感觉，那么感觉就是虚无的感觉，一种最普遍意义上的'物体'，比如确定的性质，只有当一团杂乱的印象进入景象和通过空间得到调整时，才能显现在这团杂乱的印象中。因此，如果感官能使我们进入存在的任何一种形式，也就是说，如果感官是感官，那么所有感官都是空间的。"❸他进而认为感觉存在缺少存在的完整性，我们不可能真正地意识到它们，这就是说，我们不能将它们当作真正的存在。

梅洛-庞蒂认为，一旦先验和经验，内容和形式之间的区分消失，"感觉空间"就成为空间整体形状的各种具体因素的惟一源泉。因此"感觉空间"就是具体的空间和空间要素。就像他人对我的世界所持的看法，每一种感官的空间领域对其他感官来说是一种不可认识的绝对存在，并且规定了这种具体和个人的"感觉空间"的特殊空间性❹。空间的统一性只能在各种感觉领域的相互交织中被发现。空间在这里呈现出不同的性质：空间的统一性、分离性和片面性。每一种感官都以它自己的方式询问物体，每一种感官又是某种综合的因素。感官中的视觉、触觉、听觉、嗅觉和味觉在一定层次上是联系和不可分割的。梅洛-庞蒂指出："如果没有最初的视知觉得以进入的一个准空间触觉场，那么真正的视觉在转变阶段的过程中和通过一种靠眼睛的触觉形成，就不能被理解。进一步说，如果被人为分割开来的触觉没有组织起来，以便使共存成为可能，那么视觉就不可能与触觉建立直接的联系。事实不但没有否定触觉空间的概念，而且还证明了有一个纯粹触觉的空间，因此触觉空间的联系在一开始和后来都不会和视觉空间的联系处在一种同义关系中。"❶他进而认为感官互不相同，感官也有别于智力活动，因为每一种感官本身都带有一种不能完全转换的存在结构。梅洛-庞蒂如是说是因为他抛弃了意识的形式主义，转而把身体当作知觉的主体。

　　总体上说，有两种认识客体的方法：一种是体验方法，即现象学方法；另一种是根据知识和科学进行认识的方法。梅洛-庞蒂在《知觉现象学》中将第二种方法称为"客观思维"的方法。现象学对第二种方法持反对态度。理性地认识世界，往往要依赖"客观思维"，梅洛—庞蒂的《知觉现象学》的基本哲学论证在于用各种知觉实例来批判"客观思维"，强调知觉和体验。

　　体验是人们向自己所面对的真实世界开放，体验不仅依靠知觉，而且包括自省。自省分析不仅能把握"观念中"的主体和客体，而且自身也是一种体验，人们在自省时又重新置身于人们之曾经所是的这个无限的主体中，并且把客体放回作为其基础的关系中。但是，自省中显现的东西不是意识，也不是纯粹的存在，而是体验❷。人们在对世界的感知和体验中，并不是在能完全决定每个事件的关系体系的意义上，而是在其综合不可完成的一个开放整体的意义上得到一个世界的体验。人们不是在一种绝对主体性的意义上得到个人的体验，而是得到被时间过程解体和重组的个人体验。梅洛-庞蒂说："主体的统一性或客体的统一性不是一种实在的统一性，而是一种在体验界域中推定的统一性。"❸因此，体验将主体和客体统一起来。

　　我们知道体验是在场所和空间中发生的，但是空间是否是独一无二的，也就是说，空间的呈现是否是惟一的？康德的惟一空间的推断认为空间是人们得以进行彻底和客观的想象的必要条件。当人们试图主题化多个空间时（也就是同一个空间对主体的不同呈现可以被主题化），这些空间确实能够被统一起来。多个空间中的每一个空间都与其他空间处在某种位置的关系中，与其他空间是同一的。但是，梅洛-庞蒂提出了如下的问题："我们是否知道完全的客观性能被想象？所有的视觉角度是否能够共存？它们是否能在任何地方都被主题化？我们是否知道触觉体验和视觉体验能完全合在一起，而不需要一种感觉间的体验？我的体验和他人的体验是否能在一个惟一的主体间的体验系统中连接在一起？"❹梅洛-庞蒂说：

❶ Maurice Merleau-Ponty. Phenomenology of Perception. London and New York:Routledge,1962:286.

❷ Maurice Merleau-Ponty. Phenomenology of Perception. London and New York:Routledge,1962:281.

❸ Maurice Merleau-Ponty. Phenomenology of Perception. London and New York:Routledge,1962:281.

❹ Maurice Merleau-Ponty. Phenomenology of Perception. London and New York:Routledge,1962:282.

"一切感觉都是空间的，我们持有这个论点，不是因为作为对象的性质只能在空间中被想象，而是因为作为与存在的最初联系、作为有感觉能力的主体对感性事物表示的一种存在的形式的重新把握、作为有感觉能力者和感性事物的共存的性质本身是由一个共存的环境，也就是由一个空间构成的。" ❶

❶ Maurice Merleau-Ponty. Phenomenology of Perception. London and New York:Routledge,1962:283.

❷ Maurice Merleau-Ponty. Phenomenology of Perception. London and New York:Routledge,1962:284.

❸ Maurice Merleau-Ponty. Phenomenology of Perception. London and New York:Routledge,1962:251-252.

体验给予人们的感觉不是一种无足轻重的内容和一个抽象因素，而是人类与存在的一种接触面，一种意识结构，它是所有性质的普遍条件，而不是一个惟一空间，我们靠每一种性质获得在空间中存在的一种特殊方式，也可以说是研究空间的一种特殊方式。梅洛－庞蒂将整体的感官体验称为"大世界"，而将具体的感觉称为"小世界"，他认为每一种感官构成一个在大世界之内的小世界这样的认识既不是矛盾的，也不是不可能的。由于每一种感官的特殊性，小世界是绝对必需的，而且小世界是向大世界开放的❷。

这种整体体验或区别身体的感觉被梅洛－庞蒂称之为"联觉"，也就是他的"大世界"，联觉是通则。人们之所以没有意识到联觉，是因为科学知识转移了体验，从而使人们习惯性地从所习得的科学世界中推断出所应该看到、听到和感觉到的东西。由此导致人们不会看，不会听，总之，不再会感觉。

感官在向物体敞开时便与物体建立了联系，物体的形状在向视觉说出真相的同时，也向我们的所有感官说出了真相。梅洛－庞蒂说："我的一系列体验表现为一个综合、协调的整体，综合之所以产生不是因为它们都表现出一定的不变性或与对象相认同，而是因为我的一系列体验都被最后一个体验集中在一起和处在物体的自我性中……感官的统一性不是通过把感官归入一种最初意识，而是通过把感官合并在一个能认识的惟一机体中（而）被理解的。"他继续说道："我的身体是表达现象的场所，更确切地说，是表达现象的现实性本身，例如，在我的身体中，视觉体验和听觉体验是相互蕴涵的，它们的表达意义以被感知世界的前断言的统一性为基础……我的身体是所有物体的共同结构，至少对被感知的世界而言，我的身体是我的'理解力'的一般工具。" ❸

在视觉感知中，一部分视觉场获得了运动物体的意义，另一部分视觉场获得了背景的意义。人们通过注视活动建立自己和这两部分视觉场的关系（图18、图19）。同传统哲学和心理学一样，人们仅考虑了空间知觉，也就是一个无偏向的主体能从物体和物体的几何特性之间的空间关系中获得的认识。不过，即使在分析远不能涵盖人们的空间体验的抽象功能时，人们也需要把主体在一个环境里的固定的和内在于世界的特性当作空间性的条件，换句话说，我们必须承认空间知觉是一种结构现象，空间知觉只能在知觉场内得到解释，因为知觉场在向具体的主体提供一个可能的固定

点时，为引发知觉作出了全部的贡献❶。梅洛—庞蒂说："在我看来，巴黎不是一个具有许多种面貌的物体，不是知觉的集和，也不是决定和控制所有这些知觉的规则……我游览巴黎时得到的每一个鲜明知觉——咖啡馆，人们的脸，码头边的杨树，塞纳河弯道——同样也清楚地出现在巴黎的整个存在中，都表明巴黎的某种风格和某种意义。当我第一次来到巴黎时，走出火车站我最初看到的大街，如同我最初听到的一个陌生人的话语，只不过是一种还很模糊但已经是独一无二的本质的表现……在那里，有一种潜在的、通过景象或城市扩散开来的意义，我们在一种特殊的明证中重新发现它，但不需要定义它……没有背景的最初知觉是难以想象的。任何知觉都必须以感知的主体的某个过去为前提。"❷

　　总而言之，我们说身体实现了主体和客体的统一。按照梅洛—庞蒂的说法：我们必须认识到"表达的体验"位于理论和论断性思维的"感觉给予活动"之前，认识到"表达意义"位于"符号意义"之前。最后，认识到内容中形式的象征含义位于将内容纳入形式之前❸。这是现象学体验的真实含义和核心。

2. 体验建筑：知觉的建筑与生活体验

　　生活体验，尤其是空间知觉活动有赖于身体的独特状态、姿势和条件。梅洛-庞蒂说："我所知道的，也是通过科学所知道的关于世界的一切，是根据我对世界的看法或体验才被我了解的，如果没有体验，科学符号就无任何意义。整个科学世界是在主观世界之上构成的，如果我们想严格地思考科学本身，准确地评价科学的含义和意义，那么我们首先应该唤起对世界的这种体验，而科学则是这种体验的间接表达。出于科学是对世界的一种规定或解释这个简单的理由，科学与被感知的世界过去没有，将来也不会有同样的存在意义。"❹梅洛-庞蒂的现象学基础在于将身体作为

图18、图19　运动、身体与空间：视觉空间与身体运动、时间、运动与视觉场

❶ Maurice Merleau-Ponty. Phenomenology of Perception. London and New York:Routledge,1962:251-252.

❷ 同上：357.

❸ Maurice Merleau-Ponty. Phenomenology of Perception. London and New York:Routledge,1962:340

❹ 莫里斯·梅洛-庞蒂.知觉现象学.姜志辉译.北京：商务印书馆，2005：3.

体验和感知世界的中心。我们知道经验和感官体验是通过身体综合起来的，换句话说就是人类的感官体验是身体的组成和存在的方式。身体和运动总是不断地与环境相互制动，人们自身所处的环境世界和身体不断地互相定义与磨合。这样，身体的感觉和世界的印象变成了一个统一连续的存在体验。此外，身体与场所和空间中的住所不可分离，没有一个空间不是与知觉自身的无意识形象相联系的。查尔斯·穆尔说："身体的反应本质上是从人们早期的接触和定向经验中形成的。视觉反映是较后发展出来的，并且依靠通过触觉获得的基本和首要的体验来获取意义。"他接着说："在一定程度上，每个能够给人留下印象的地方，部分原因是其独特性，部分是因为它影响到我们的身体并产生足够的联系使其得以在个人世界中占有立足之地。"他还认为："今日我们的住所所缺少的是身体、想象和环境之间的潜在互动。"❶

　　建筑将人造环境延伸到自然。它为人们感知、体验和理解世界提供了场地。建筑能够将人们的注意力和存在的体验导向更为广阔的视界。建筑还赋予社会机构和制度以物质和概念的结构，并为日常生活提供了物质、环境和文化条件。它使得年复一年的循环、星辰运演的轨迹和每天时间的流逝具体化，从而为人们的具体体验和感受提供条件。建筑师负有设计这种能够为人们传达知觉和感情的建筑和环境的能力和责任。在西方建筑工程技术史上，16世纪法国建筑师菲利贝尔·德洛姆（Philibert de l'Orme）发明了不少建筑技术的，并留传下来一些发明图例。在他的这些画中总有赫尔墨斯出现，我们知道希腊神话中的赫尔墨斯通常表现为上帝的信使和解释者以及人类日常生活的朋友。在这些绘画中，德洛姆为建筑师创造了新的身体部件——赫尔墨斯式的翅膀，这些新的身体部件就是为知觉提供的感觉器官。❷

　　建筑的触觉体验由多种感觉混合而成，空间、材料和尺度的质量是由眼耳口鼻以及肌肤共同衡量的。建筑加强了人们的存在体验和存在于世的感受，从而强化了体验自身。除了视觉，建筑知觉还涉及其他几种相互作用、相互融合的感觉系统和体验领域，这些感觉系统是声音系统、味觉和嗅觉系统、基本定向系统（在本书第一部分"场所论"中讨论的问题）和触觉系统。亨利·列斐伏尔强调："重新强调和恢复对身体的重视，首先，也是最重要的，是恢复说的感觉，声音的感觉，闻的感觉，听的感觉。"❸感觉的结果就是体验。大多数建筑是由坚硬与柔软、轻与重、紧张和缓和以及其他多种表面组成的，这些都是建筑的知觉要素。这些建筑要素为人们带来不同的感觉和体验效果，体验建筑就需要理解和重视用以感知和体验这些建筑要素的知觉系统。另外一些建筑体验要素，如透明感、无重量感、不定感和漂浮感（图20、图21）等则是随着现代艺术和建筑发展而产生的，体验当代和现代建筑自然离不开对这些要素的感知。

❶ Kent C Bloomer, Charles W. Moore. Body, Memory, and Architecture. New Haven and London: Yale University press, 1977：44.

❷ Myriam Blais. Invention as Celebration of materials.Chora Three: Intervervals in the Philosophy of Architecture, ed. Alberto Perez-Gomez and Stephen Parcell. Montreal: McGill-Queen's University Press, 1999：8.

❸ Henri Lefebvre. the Production of Space. Trans. Donald Nicholson-Smith. Oxford: Blackwell, 1991：363.

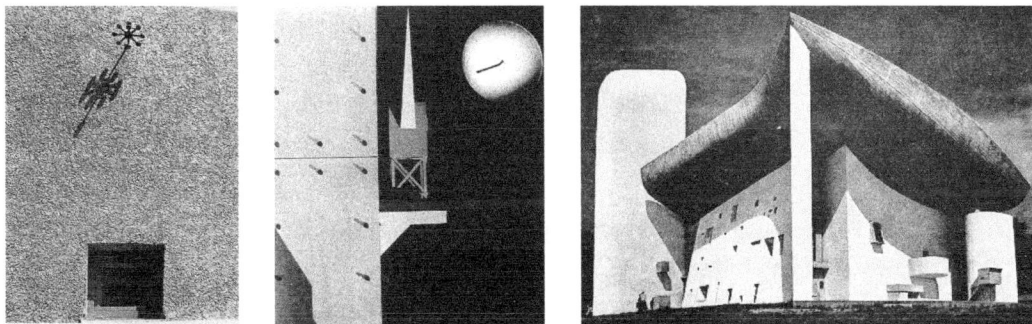

图20a　不定感和漂浮感：海杜克的里加方案中表现的微妙阴影和吞噬性的深影所产生的震撼人心的感受（左）
图20b　海杜克的柏林住宅（中）
图21　不定感和漂浮感：朗香教堂外部光影（右）

霍尔在他的《视差》一书中以不少篇幅讲述和引介了随当代科学发展而产生的空间和材料感知的新领域，为当代时间和空间体验和新视角开拓了新领域[1]。

在生活的体验中，人们逐渐了解和习得如何根据物体的重量、质感、坚实度来衡量事物。拉斯姆森在《体验建筑》一书中讨论了建筑给人们留下的不同感觉，这些感觉包括柔软、塑性、"软与硬"、"轻与重"等感觉。他认为，当人们见到一个球体时，人们不仅仅注意到它的形体，人们似乎还在使用"看不见"的手去触摸、去感受不同种类和质量的球的不同特性[2]。不同运动项目的球类，虽然形状相同，但人们仍然可以分辨出它们的不同特性。建筑是由软与硬，轻与重，绷紧和松弛等多种表面组成的，这些都与材料表面的特性有关（图22～图24）。

表面的特质与人们的体验建立了联系，在这种联系中，有肌理的效果、材料的感觉特征和触觉的感知。环境和建筑的外部特征和建筑设计中所强调的表皮是传达感情的手段和提供体验的接触面。理解建筑与通过某些外部特征判断建筑风格并不是一回事情。仅仅观看建筑是不够的，人们需要通过各种感知系统来全身心地体验建筑，从而使人们意识到声音在对空间的了解和感知上也起到微妙和特殊的作用。例如在一座巨大的教堂中回响、震荡的声音与在充满各种悬挂物、地毯、坐垫的屋子中的声学效果截然不同。

拉斯姆森谈到建筑是由作为寻常百姓的建筑师为百姓建造的，因此建筑的营建需要根据人类的多种本能来协调完成。在人们早期生活的发展

[1] Steven Holl. Parallax. New York: Princeton Architectural Press. 2000.

[2] Steen Eiler Rasmussen. Experiencing Architecture. Cambridge: MIT Press, 1957: 34.

图22～图24　建筑由软与硬、轻与重、绷紧和松弛等多种表面组成（北海万佛楼）（左、中、右）

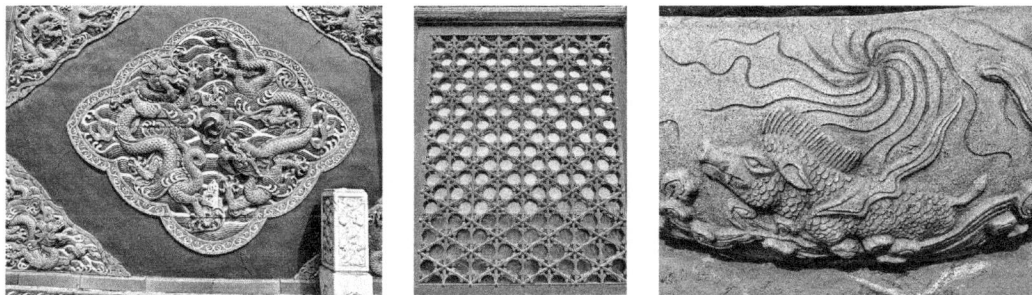

阶段，发现和体验是十分普遍的活动。人类某些与生俱来的能力和潜力需要一定时间去发展、稳固和成型，就如新生儿需数年时间才能发展出爬、走、跑、跳等技能。婴儿通过触摸、把弄、滚打跌爬来发现和体验事物，从而发展出那种能够识别哪些是"友善"，哪些具有危险并可能导致伤害的能力。随后婴儿使用发展出的能力来应付空间中不同事物[1]。在环境体验中，人们有时需要按照设计的那种特殊目的来观察建筑。但这并不是关键，关键是人们必须居住在房间中来感受房间如何将自己围合起来，观察和体会如何被自然地从一个房间引到另一个房间。人们还去体会肌理和质感的效果与作用，体验声音在人们形成空间概念上所具有的差别。使用不同的方式和知觉系统去体验，使人们体验到环境、场所、建筑和空间的内在诗性和无限性以及那种超越时间和空间、文化和物质的永恒性。

　　当代建筑在商业利益的驱使下，在为人们提供丰富的知觉体验上是欠缺的。这些建筑在形式上过于堆砌、华丽和复杂，例如在当代建筑设计中各种形式比例的切割和划分，复杂的形式和构件的构成，对各种现代材料的堆砌、炫耀和表现，这种建筑试图获得视觉上的震撼。另一类建筑师则不是这样，他们注重整体和全面的建筑感知，尤其是由视觉唤起的触觉记忆和体验以及空间气氛的营造。墨西哥建筑师巴拉干和瑞士建筑师卒姆托的建筑作品属于后一类。这两位建筑师，尤其是巴拉干的作品，没有复杂的形式和堆砌的材料，却引起人们的强烈共鸣。巴拉干简单地使用混凝土、不甚修饰的原木和强烈、单纯的色彩的那种纯朴风格，营造了一种强烈的归属感和"家"的感觉。他的建筑能够调动起全身的感觉器官来感受，浸酿在场所环境和建筑中去体验并从中把握人生。巴拉干的建筑开启了人们对环境、场所和建筑的美好记忆和经验的闸门，使人们敞开意识，在没有先入之见的条件下，在意识中呈现场所和建筑现象。卒姆托的圣·本尼迪克特小教堂（Saint Benedict Chapel, 1987-1989）的形式从整体到细部都十分单纯，人们所见到的是真实的建筑逻辑构造，没有复杂、炫耀的形式成分。这件作品在形式与逻辑构造上呈现出一种浑然一体的真实性，表现了建筑的营建和构造逻辑。这种单纯和直截了当的方式所显现的营建使人们产生不同的感受和体验。这些建筑的外观和外部特征成为传达感情和表达情绪的手段。

　　仅仅观看建筑是不够的，人们需要去体验建筑。通过不同知觉系统的不同体验，人们逐渐习得如何根据物体的重量、质感和坚硬度来衡量事物。帕拉斯玛在他的《建筑七觉》中列出了对建筑的几种知（感）觉以及与这些知觉相联系的知觉体验和感觉。他格外强调视觉以外的另外几种知觉系统和与知觉有关的领域：声响、寂静、气味、触摸的形状、肌肉和骨骼的知觉。帕拉斯玛是从批评将建筑作为一种纯粹视像知觉入手的。他认为建筑在今天已经成为一种纯视网形象，成为一种形象复印艺术，这种复印是通过眼睛进行的，建筑形象被动地投射在视网上。但是，"注视"这种活动倾向于将建筑展平成为图像，从而失去了对建筑能动的塑造活动。因此，仅仅重视视觉不但没有使人们在世界中经历和体验人生的"存在"，反倒使人与世隔绝，站在事物的外部，作为旁观者来考查建筑。他认为当建筑失去了其可塑性并失去了与语言和智慧的联系，它就被孤零零地隔绝在冰冷、遥远的视像王国中了。随着对感觉、触觉的轻视以及为身体和手构造的尺度和细部的消失，建筑就成为了扁平的简单几何形，失去了材料特征和质感，而与真实的生活距离十分遥远。当建筑与世界、事物和手工艺的现实脱离了联系，它就成为了纯粹为眼睛服务的舞台背景，从而丧失了材料和构造的逻辑。

帕拉斯玛还认为砖、石、木等自然材料使视觉"穿透"其表面，使人们体会到真实的世界，体验到具体的生活，感受到事物的真实性。自然材料表现了其年月、历史、经历和人类使用它们的故事。今日的材料，例如平展的大面积玻璃窗、电镀和涂漆金属以及合成材料展现的是坚硬的表面，它们并没有传达这些材料的任何本质、经历、年月和历史。他还认为在建筑中过分强调智力和概念上的思辨进一步使建筑的物质（现象）感和具体的建筑现象消失。通过上面的分析，他提醒人们要注意那些为人们所淡忘和漠视的其他几种建筑知觉，因为知觉不仅传输信息以利于人们的头脑进行判断，它们还是一种构成感觉思维的本质手段。

斯蒂文·霍尔谈到，1991年他和帕拉斯玛开始讨论和交流建筑现象学的有关思想，1992年当他们在赫尔辛基再次见面时，认为梅洛-庞蒂的著作对从建筑体验层面上来理解空间序列、质感、材料和光线有所启发。霍尔评论帕拉斯玛时认为他不仅仅是一位理论家，还是一位杰出的使用现象学直觉和本能的出色建筑师。按照霍尔的说法，在帕拉斯玛的建筑中，感知空间的方式以及感知场所的声音和气味与事物"看上去"的视觉具有相同的重要性。他认为帕拉斯玛在从事着不可分析的有关感觉的建筑实践，而有关"感觉的建筑"的那些现象学特性使得帕拉斯玛的建筑现象学著作更加具体化。帕拉斯玛的《肌肤之目》明白无误地阐明了人类建筑体验中重要的现象学范畴[1]。

体验可以是直接的、个人的和私密的，也可以是非直接和概念的。体验包括感觉（Sensation）、知觉（Perception）和概念设想（Conception）。体验主要是对外在世界而言的，当然，也有所谓的内省体验。体验同时具有主动和被动的内容，因为它是指一个人的经历、感受和遭遇。段义孚在《场所空间》中认为体验是感觉（受）和思想的结合[2]，知觉则不是。人类的感受（觉）并不是一系列不相联系的感觉。相反，记忆和预期可以将感觉上受到的冲击编织在一起，段义孚形容感觉和思想是连续体验的两极。从触觉、味觉、嗅觉、听觉和视觉而来的感觉通常是直接的。听觉、嗅觉、味

[1] Juhani Pallasmaa. the Eyes of the Skin, Architecture and the Senses. Wiley-Academy, 2005.

[2] Y.F. Tuan. Space and Place: the Perspective of Experience. Minneapolis: University of Minnsota, 1974: 10.

觉和触觉这四种感觉自身无法为人们提供完整的空间概念，当它们与视觉一起，便可为人们创造出完整的空间概念。

刻骨铭心的场所和空间体验很多是从家中获得的。家的经验是由一系列独特的活动，而不是单纯的视像要素组成的。这些活动包括做饭、吃饭、社交、阅读、储存、睡觉和亲密的活动等。人与建筑的联系是一种遭遇活动和体验，人们接近和面对建筑而产生与身体的联系。建筑和空间作为为不同事件和情景提供的环境和条件，而引发、引导和组织行为和运动。建筑自身并不是最终产品，建筑具有限定、框架、表述、建立、组成、赋予意义、联系、分割、结合、提供条件和禁止等活动和功能。相应地，基本的建筑体验具有一种"动词"形态，而非"名词"形式。因此，真实独特的建筑体验是由诸如接近和面对建筑而不是正襟危坐地欣赏建筑立面，是由进入这种活动而不是简单地对门进行视觉设计，是由从窗户望进望出而不仅仅是窗户这个客观物体自身所组成的。拉斯姆森认为如果相信建筑的目的是给生活提供一个框架，那么建筑中的空间以及空间之间的关系就要由在其中生活的人们的生活方式以及如何在其中活动来决定。这需要对生活和生活经验有直接的体验和感受。芬兰建筑师阿尔托的设计就格外强调人们的生活体验，其建筑围绕着住在其中的人们的生活来设计和塑造，从而将建筑与生活结合了起来。

空间和场所的感受需要考虑不同的体验方式：动态的（如坐在车中）、运动的、触觉的、视觉的和概念的。体验是人们以不同的方式来了解和构造世界的活动。人类体验建筑、空间和场所是通过视觉、听觉、嗅觉、味觉和触觉五种知觉来进行的。五种感知不时地互相引证和强调，这五种感知既是主动的也是被动的。有些知觉主动成分占得较多，如视觉和触觉，有些则是被动成分占得较多，如听觉、嗅觉和味觉。我们的自身经验表明视觉和触觉是能够提供明显空间感受的两种知觉。除此以外的其他感受是否也能提供空间的感受呢？经验告诉我们，听觉和嗅觉同样具有提供空间感受的能力。帕拉斯玛列举城市中深夜火车的鸣响所带来的城市空间感受是最好的论证[1]，生活在城市中的人们或多或少都有过同样的体会。欧洲城市教堂的钟声鸣响也具有同样的效果。例如对瑞士苏黎世周末教堂的钟鸣，城市中听到钟声的人们的体验与登上周围山顶俯瞰城中一座座教堂钟塔，耳听因距离不同传来的此起彼伏钟声的人们所获得的那种视听融合的深切城市空间感受和体验是完全不同的。幼时在杭州保俶山漆黑的紫云洞中所听到的水落深潭时发出的回响，至今仍然留给我有关黑暗和神秘空间的深刻记忆。北京四合院大雨中聆听雨击瓦顶和铺地青砖时所发出的紧迫之声使人产生一种"居家"的温暖场所感。这大概就是加斯东·巴什拉所谈到的大雪与温暖室内的对比给人一种居家的感受和体验[2]。

经验意味着在过去时间中对外在世界和内在世界的感知、遭遇和体会。

[1] Juhani Pallasmaa. the Eyes of the Skin, Architecture and the Senses. Wiley-Academy, 2005: 50.

[2] Gaston Bachelard. the Poetics of Space. trans. Maria Jolas. Boston: Beacon Press, 1969: 40.

经验本身包含着二元性，这二元或是物我，或是心体。人在场所和空间中的定位与运动是以自我为中心的。场所和空间的存在需要依赖自我在场所和空间中的存在，如果没有场所空间中的人或自我，就没有衡量之准绳，场所和空间便没有意义。因此，这二元是统一的。这种互为因果的关系有些类似"我思故我在"的逻辑。一旦人在场所空间中存在，便有了前后、上下和左右。因此，人便成为了衡量场所和空间中方向、距离和地点的准绳。因此，城市建筑空间讨论是人体学的。梅洛-庞蒂引入"身体图式"的概念是为了表明这种统一性并不局限于体验过程中实际和偶然地联合在一起的内容，是为了表明这种统一性以某种方式先于内容并使内容的联合成为可能，身体图式不再是在体验过程中建立的单纯结果，而是从感觉的世界中对自己身体姿态的整体觉悟。身体的空间性不是如同外部物体的空间性或"空间感觉"的空间性那样的一种位置的空间性，而是一种处境的空间性。

　　胡塞尔认为直观意味着"当下拥有"。"当下拥有"并不同于"当下化"的各种可能性，例如回忆或想象。感知的直观当下拥有的特征在于，事物对于人们绝不是在任何方面都当下[1]。只有通过感觉，感知的意识才能获得对象世界的颜色、口味、形状或气味。因此，胡塞尔说："事物永远不会在所有可能为我提供的角度上展示自身；它——如果人们在广义的，即不局限在空间意识的意义上来理解'透视'这个概念——始终只是在一个单方面的透视中显示自身。由于这种单方面性，任何透视、任何映射都依赖于其他的透视和映射，我尽管在当下没有进行其他透视或获得其他映射，但它们作为共同当下的可能性而被我意识到。"[2]他继续说："意识在感觉的过程中不是纯粹被动的接受站。如果我反思我自己的感觉，那么我会看到：只有通过我的切身活动，我才能获得我所有的感性印象。为了使我的对象环境中的颜色、形状、温度、重量等确定的外观对我成为被给予性，我必须相应地运动我的眼睛、头（脑袋）、手等。感觉的感知和由我所进行的身体运动在这里构成了不可分解的统一。"[3]感觉是以动感的方式进行的，胡塞尔的构造分析以其被动性中主动性的发现打开了通向这些领域的通道，而梅洛-庞蒂在《知觉现象学》中对胡塞尔的这个思想进行了发展。

　　帕拉斯玛用日常生活中的火炉与作为建筑和设计要素的壁炉作为例子，认为对人们来说，生活的空间和体验最主要的是占据火炉周围的气氛，而非将壁炉作为一个纯设计对象。从建筑设计和建筑的形而上学的角度讲，建筑空间首先关注的是生活空间，而非纯粹的物理空间，生活空间总是超越（空间的）几何性和可衡量性的。现代建筑理论和批评中有一种将空间作为描述物质表面的非物质客体，而不是将空间作为一种互动的相互关联和相互作用的层次来对待的倾向[4]。

　　霍尔认为当代世界充满着各种烦恼，它们分散了人们的注意力，诱

[1] 胡塞尔.黑尔德.生活世界现象学.倪梁康、张廷国译.上海：上海文艺出版社，2005：9.

[2] 同上：12-13.

[3] 同上：16.

[4] Juhani Pallasmaa. The Eyes of the Skin, Architecture and the Senses. Wiley-Academy, 2005：64.

惑着人们走向商业利益。现代商业将什么是本质的问题扰乱了。他认为技术确实可以使生产率成倍地增长，但技术是否使人们自身成长了，或只是使人们在知觉上变得畸形了。人们生活在构筑的空间中，被物体围绕着，生长在这样的物质世界中，人们是否有能力彻底地体验这些物质之间的相互关系，从知觉中引发出欢乐。他在《知觉的问题——建筑的现象学》中说："建筑具有激发和转换人们日常存在的能力。每当接触门把手，开启门扇，进入一个充满光线的房间，当通过知觉控制的意识来体验这些现象时，它就变得十分重要。观看和感觉这些物质就是成为感知的主体……"❶为了获得那些隐藏的经验，人们必须揭开今日新闻和传播媒体的面纱，必须抵制媒体的干扰，必须重视有形、实在的呈现和表现。如果媒体使人们被动地接受讯息，那么，人们需要坚定地将自身置于意识主动者的地位。

霍尔认为，与其他艺术相比，建筑更全面地将人们的知觉引入时间、光影和透明度的流逝变化中，色彩、现象、质感、细部均加入到建筑体验中。在各种艺术形式中，只有建筑能够唤醒所有的知觉，这就是建筑知觉的复杂性。霍尔还认为建筑可通过将前、中、远景联系起来而将透视与细部、材料与空间联系起来。建筑自身提供了有质感的石块和光滑的木柱所表现的那种有触觉的实体感——那种运动的光线变化，空间的气味和声音以及与人体有关的尺度和比例。所有这些感觉和知觉结合为一个复杂而又无言的体验和经验。他的论述清楚地表明，在建筑设计中，最重要的是对建筑的知觉以及由知觉引发的相关体验的重视。那么，建筑所呈现出的哪些现象为人们的知觉所感受呢？霍尔对这些现象进行了分析与总结，将其称为"现象区"（Phenomenal Zones）❷。现象区由纠结的体验、透视空间、色彩、光影、夜空间、时间的绵延和知觉、作为现象镜的水、声音和细部组成。

纠结的体验（Enmeshed Experience）：霍尔将对象和客体与"场域"或"视域"的融合称为"纠结的体验"，这是一种对建筑特有作用的体验。建筑综合了无时不在变化的背景、中景和远景中所有材料和光线的主观性质，而形成了交织的知觉基础。他认为，归根结底，我们无法将整体的知觉分解为知觉的组成部分。建筑超越了几何，它是观念和形式间的有机联系。霍尔认为纠结和交织开启了他早期发展出来的"锚固"观念的新篇章。在"锚固"中，场所/情景既是主观的也是客观的，两者都是存在，都是本质。他说我们的目标是实现具有强烈现象特征的空间，同时将建筑提高到一种思想的层次。他继而认为，建筑不仅仅为活动提供了空间和场所，它也不是各种单独感觉的简单合成。在建筑设计中，观念的力量、现象的特征和场所力量的交织并不能完全地合为一体❸。霍尔认为纠结的体验不仅仅是事件、事物和活动的场所，而是从不断展现、联系重叠

❶ S. Holl. Questions of Perception-Phenomenology of Architecrue// Steven Holl, Juhani Pallasmass, A. Perez-Gormez. Questions of Perception-Phenomenology of Architecture. Architecture and Urbanism, 1994: 40.

❷ S. Holl. Questions of Perception-Phenomenology of Architecrue// Steven Holl, J. Pallasmass, A. Perez-Gormez. Questions of Perception-Phenomenology of Architecture. Architecture and Urbanism, 1994: 45-116.

❸ Stevem Holl. Intertwining. New York: Princeton Architectural Press, 1996: 11.

的空间中浮现出来的某种更为无形、不可捉摸、难以确定的事物。梅洛-庞蒂曾描述一种"位在中间状"的现实或将事物在其上聚拢的场地。霍尔认为，这种"中间状态"的现实与事物开始失去其清晰性的瞬间有关。在现实中，我们都有这种经历，即在运动中观看某物时，在一定的距离，对象开始不清晰。在此瞬间，该对象融入背景。纠结的体验就与这种中间状的现实有关。

他认为，当我们坐在靠窗的桌前，远处的景色、窗中射进的光线、地面的材料、木桌以及手中的橡皮开始在知觉上融合起来。这种将前、中、远景叠合在一起的现实是建筑空间创造的本质问题。我们必须将空间、光影、色彩、几何、细部以及材料作为一个连续的体验来考虑。虽然在设计过程中可以将它们打散，孤立地研究各个元素，但在最后的条件下它们合为一处。最终的现实是人们无法将知觉解散为几何要素、活动和感觉的简单集合。设计只有与知觉、气氛、气味、光线、材料、肌理、质感等交织起来才能形成令人体会深刻的"纠结的体验"。他说："建筑是能够塑造空间和时间的一种生活的感觉交织，它可以改变我们的生活方式。现象学关注本质的研究；建筑具有那种将本质放回存在中的能力。通过将形式、空间、光线、建筑交织在一起，建筑能够根据从特殊场所、纲领和建筑中浮现出来的不同现象将日常生活的体验升华。在一个层面，一种思想和观念的力量驱动建筑，在另一个层面，结构、材料、空间、色彩、光线和阴影交织去构成建筑。"❶他深切地感到建筑超越了几何，它是观念和形式间的有机联系。

建筑的体验超越了电影的体验，更超过了摄影和照片的体验，它包含了真实体验的所有特质。从材料和细部的视觉—触觉领域到光线中的前景、中景和远景中发展出来的空间联系，建筑在知觉中得到了证明。纠结的体验是对象与场域的融合，它是建筑的基本动力，超出了建筑对象的物质性和纲领内容的必要性，纠结的体验不仅仅是事件、事物和活动的场所，而且是一种对重叠的空间、材料和细部不断展现和揭示时更为无形和难以琢磨的条件。这种"中间现实"用来描述具体要素开始失去其清晰性，对象与场域融合时刻的状态❷。霍尔阐述道：当一个灯具的细部与楼梯的钢扶手融合在一起，而扶手又与一个更大空间地平线上的光线融合在一起，单体要素开始模糊，而总体的纠结交织体验则达到了奇特和超越（验）的境地。原创的观念和思想的表达是主观和客观的一种融合。那种推动某种设计的概念逻辑是与终极的知觉相联系的。他认为人们必须将空间、光线、色彩、细部和材料作为一种连续的体验来理解，虽然在设计阶段可以将它们分解后分别进行考虑，但是最终人们无法将知觉简单地分解为几何构成、活动和活动的内容以及不同感觉的简单综合。时间、光线、材料和细部的复杂契合和锁结创造了一种电影和摄像般的整体，我们无法

❶ S. Holl. Phenomenal Zones// Steven Holl, J. Pallasmass, A. Perez-Gormez. Questions of Perception - Phenomenology of Architecture. Architecture and Urbanism, 1994.

❷ Steven Holl. Parallax. New York: Princeton Architectural Press, 2000: 56.

❶ Steven Holl. Parallax. New
York: Princeton Architectural
Press, 2000: 61-65.

将这个整体分解为其单独的构成要素❶。他进而提出如下几个对建筑知觉
十分重要的领域：

透视空间——不完全的知觉：霍尔谈到从空中接近一座城市，人们的
第一印象已不是那种立面化的景象，没有必须穿过的大门和桥梁。盘旋、
倾斜下降的飞机为人们提供了多个不同的视点。上上下下驰骋的火车上，
视点也急上急下。在车站，人们使用自动楼梯通过重合交叠的现代车站。
这些空间经验是无止境的，它们构成了一种交叠的透视网络。在对纠结空
间的连续体验中，人们得以理解客体与场址是一体的。然而，人们对城市
的经验只能是片段、不定、透视化和不完全的。这种体验与那种对静止对
象的体验不同。人们的知觉从一系列重合交叠的城市视像透视中发展而
来，透视按照角度和速度展开。建筑知觉总是与实体、空间、天空、街道
相连的，可是人们无法穷尽所有可能的视点，所以没有一个建筑和城市空
间的视像是完全的。这样，霍尔提出根据知觉原则来构造城市空间，采用
这种设计思想使得在绝对的建筑意向和不定的城市组合之间具有伸缩的可
能性。

色彩：霍尔还认为，江河湖海的颜色的变化、晨与夕的变化均与颜色
有关。情景、气候和文化决定颜色的使用，也决定人们对颜色的体验。特
定场所和情景的色彩以及空气的特质会使人们产生特定的色彩概念。

光与影：一些建筑师将他们的作品的全部意向集中在光线上。建筑的
"知觉精神"（Perceptual Spirit）和"形而上学的力度"（Metaphysical
Strength）来自于实体与虚空塑造出的光与影、透明度和光泽性。自然光
有着无穷的变化，它主导着城市和建筑的强度。视觉所见的建筑是按照光
影的条件形成的。

夜的空间性：霍尔认为18～19世纪城市的夜空间与之前的世纪相
比，变化并不大。然而，20世纪以来的城市却有着大量的夜光和夜空间，
这改变了人们对城市空间形式和形态的知觉。纽约的时代广场在白天看起
来无非是一个肮脏、拥挤的交叉路口，但在夜里却成为令人吃惊的光的海
洋，这是一个由光、色彩和条件气氛限定的空间。像洛杉矶和菲尼克斯这
样铺展的大城市，其夜里的灯光限定了城市。当飞机接近这些城市时，夜
里的灯光提供了城市空间和形状的一种新感觉。夜里的灯光将赋予城市体
验以新的尺度。

绵延（持续）的时间和知觉：人们对场所和空间的体验是持续的，它
成为心智和记忆的产物，它可以弥补支离破碎的现代生活所造成的紧张、
焦虑等心理障碍。由此，建筑的空间经验填补了间断的时间，使其成为
"绵延的时间"。

水——现象镜：霍尔对水有着特殊的钟爱。他认为水的各种状态和变
化的形态为人们提供了对水的体验。

水具有反射、折射、空间翻转和对光线进行转化的作用，也许人们应该将其看作一个"现象镜"。在秋天，有时静止的池水中的花木倒影的颜色和轮廓似乎比真正的景色更为清晰和强烈。水光反射的心理和精神能量比水的各种科学的物化现实更为强烈。1989年霍尔在设计日本福冈纳克索斯公寓时特别强调水的折射现象，水是这件作品设计的一个主要动因。在该作品中，他设计了一个称之为"虚空间"（Void Space）的水园，在这个虚空间的水园和近邻公寓室内顶棚上池水中反射而来的光线结合起来，将水的摇曳动荡、流动起伏的奇幻纹理投射在室内顶棚上而显得十分神奇。霍尔认为现代城市生活的一个可怜现实是复杂的城市系统常使人们与每日不可预测变化的天空气候相分离。在霍尔设计的福冈住宅中，即使一个微小的雨滴也会以涟漪的形式即刻反映在虚空间水庭的池水中。强度变化着的风使得吹皱的池水纹路在顶棚上不断变化，天空中飘过的云朵也会反映在虚空间的池水上。

声音：石材建造的教堂中的回音使人们意识到如下几种性质：空间的空旷、空间的几何性和材料的特性。如果将同样的空间铺上地毯，装上吸声材料，那么，对该建筑的空间性和尺度感的经验便彻底消失了。人们可以通过将注意力从空间的视觉领域转到空间是如何通过共鸣声、材料的振动频率和肌理质感来重新定义空间。京都寺院中定时的钟声可产生有关该城市几何空间地图的意象，因为声音造成的空间地图与城市模糊的距离中的地点有着联系。在某些欧洲城市中，定时的教堂钟声创造了一个心理和精神空间。钟声的知觉联想与教堂钟塔前的广场庭院有关。这种"声音空间"是不可能由电子音响设备准确地再造的。霍尔说，几十年前作曲家约翰·卡吉（John Cage）蹲在隔声的密室中去听声，并发现那时的经验给了卡吉以生活指南。他认为卡吉的或是激烈，或是诗一般的声音试验沟通了音乐现象与声音的物理和心理反应。

细部——触觉领域：建筑的触觉领域由触摸的感觉决定，当建筑空间由细部的材料性构成时，触觉领域就出现了。今日，建筑产品的工业和商业势力极力推销"合成产品"，例如以防水塑料和橡胶为表面的各种木窗，各种合成外观材料电镀的金属外表，地面砖表面上的各种合成涂料。这一系列做法导致人们对材料的触觉迟钝，意味着人们的触觉被商品工业消除了。霍尔认为一个彻底和完全的建筑空间感觉取决于材料和细部的触觉领域，这犹如美味佳肴取决于特殊佐料而非味精一样。建筑工业以合成产品制造建筑产品犹如使用人工添加剂的食品。他认为改变材料又不失去其材料特性，甚至可以加强材料的自然性质的手段很多，建筑师应加以研究❶。

霍尔的建筑现象学观念与帕拉斯玛的观念有着一些微妙的区别，虽然他们两人有关建筑现象学的思考来自梅洛-庞蒂，但是帕拉斯玛更多地

❶ Stevem Holl. Intertwining. New York: Princeton Architectural Press, 1996: 16.
参见：沈克宁. 建筑现象学理论概述. 建筑师. 1996.

❶ 莫里斯·梅洛-庞蒂. 知觉现象学. 姜志辉译. 北京: 商务印书馆, 2005: 137.

❷ Peter Zumthor. Thinking Architecture. Baden: Lars Muller, 1998: 13.

❸ Alberto Perez-Gomez, Louise Pelletier. Architectural Representation and the Perspective Hinge. Cambridge, Mass.: 1997: 12-25. 佩雷斯-戈麦斯和佩尔蒂埃的《建筑的表现和透视点》完整系统地讲述了视觉与建筑的表现与透视思想的发展历史。他们通过公元前3世纪的柏拉图和欧几里得, 中世纪的阿奎纳, 文艺复兴时期的开普勒、伯鲁乃列斯基和阿尔伯蒂等来讲述了上述问题。

❹ James Gibson. The perception of the Visual World. Cambridge, Mass.: The Riverside Press, 1950: 26-43. 吉布森在《视觉世界的感知》一书中认为: "视觉世界"是日常生活中的熟悉和寻常景象。在这个景象中, 坚硬的物体看上去是坚硬的, 方形就是方形, 水平看上去就是水平面, 远处房间书架上的书看上去与面前的书的尺寸是一样的。这就是那种我们试图描述的体验。"视觉域"则犹如透视画匠所持的态度。如果坚持训练, 最终所得的视域便可以如同照片上的图面。这种图像的特征与前面淡到的景象完全不同。这是人们所不熟悉的, 需要训练和特殊的努力才能获得。"视觉世界"是持现象学态度获得的, "视觉域"是一种通过"知识"、"文化"或"科学"等"常规"和"偏见"训练所获得的。两者之间的区别首先在于视觉域具有界限, 视觉世界则没有。其次, 视觉域在中心部分十分清晰和充满细部, 越接近边缘就越不清楚。第三, 视觉域随眼睛的位置和角度的变化而变化, 而视觉世界则是稳定的。吉布森最后总结到我们不可能讨论有关视觉世界的知觉, 因为没有一种完全的理论能够彻底地讨论视觉世界。而视觉域与视网膜形象比较接近, 因此可以用传统的理论思维来解释所见之图像和视像。总体上讲, 视觉理论都是有关视觉域的理论, 而仅根据视觉域的理论是不充分的。现象学的视觉理论是重视视觉世界的理论。

他还认为, 视觉依靠视网膜上所呈现的图像。但所呈现的视象与现实相比显得很不充分。可见的景象具有宽度、深度和坚实度。图像则是平面的。物理环境具有三个维度。物理环境被光线

强调传统、经典和永恒的知觉和体验, 而霍尔较多地关注创新和探索性的知觉和体验, 这些知觉和体验包括空间的色差、光影的气氛以及肌理和质感。因此, 霍尔所讨论的不仅是空间的感知和空间的知觉, 他所总结和归纳的建筑"现象", 即"现象区"构成的第一条就是"纠结的体验"。"纠结"的体验将所有景象和现象融合起来, 空间、光影、色彩、几何、细部以及材料作为一个连续的体验, 通过建筑将主观与客观、主体与客体融合在一起。重视体验便在本质上将现象和建筑的知觉综合起来, 将各种知觉作为一个经验的整体来对待, 这是更为全面、完整地对待建筑现象的感知与体验的态度。霍尔有关知觉现象的"现象区"概念好似对梅洛-庞蒂在《知觉现象学》"导论"第四节中提出的"现象场"（Phenomenal Field）❶在建筑领域中的一种阐释。霍尔的"现象区"概念也与卒姆托的"氛围"思想相一致❷。

3. 视觉体验

眼睛试图与其他感觉合作。所有的感觉, 包括视觉, 都可以看作是触觉的延伸——作为肌肤的特殊功能。

——帕拉斯玛（The Eyes of the Skin）

视觉理论的讨论在建筑领域一直占主导地位, 视觉理论在建筑领域的重要性也与建筑的视与被视、透视、表现、意义和理解有关。在西方, 讨论视觉理论的历史很长, 从公元前4～前3世纪的柏拉图开始, 直到文艺复兴时期发展出透视, 并沿用至今❸。这条线索所讨论的主题是沿光影、视觉和透视等几个领域进行的。

现代心理学的发展为视觉研究提供了不同的视角。心理学的研究表明, 在讨论视知觉时, 有必要区分视网膜图像（Retinal Image）与人所"见"、所领会的世界之间的区别。心理学家吉布森将前者称为"视觉域"（Visual Field）, 将后者称为"视觉世界"（Visual World）。"视觉域"是视网膜记录下来的不断变化的光线模式。人们使用和通过"视觉域"来构筑"视觉世界"。❹当人睁开双眼, 光线、光影、轮廓、线条、体块……都涌进眼帘, 这时候的"视觉域"是模糊、不集中的, 充斥和盈满的视觉信息还没有为人们形成"视觉世界"。只有当人们开始集中精力, 有意识、有选择地进行观察时, "视觉世界"才开始形成。在选择的基础上形成的"视觉世界", 无论是目前和当下的, 还是过去和经验的, 与其他感觉世界综合在一起形成了"知觉世界"的基础。

对西方中世纪艺术研究表明, 中世纪的欧洲, 人们尚没有在"视觉领域"（具体的视网膜形象）和"视觉世界"（人的感知和知觉之世界）

之间进行区分，因为那时对人体的描绘是根据人体如何被感知而进行的，也就是根据人的真实尺度在空间中加以描绘，而不是根据在视网膜上记录下来的那种近大远小的透视形象而加以描绘的。这种理论解释了西方中世纪艺术作品中所表现的现象，例如远景中的人物有时比近景中的人物还要大，或作品中远近距离的所有人物都保持同样的尺寸。中国传统绘画中人物的比例也是根据理解的和感觉到的真实人物的比例，使用同样的尺寸而非透视法来绘制的。这种现象大量地见之于明清乡土建筑的砖雕、室内木装饰和家具中。透视法的出现使得三维空间的表现成为可能，也使得人们意识到"视觉领域"和"视觉世界"之间的区别。然而，文艺复兴时期以透视法绘制的绘画有其内在缺陷，因为透视法实现的前提是空间保持不动，透视法使空间成为固定和静态的，并将空间要素按照从某个特定视点来观察的方式加以组织。实际上，这是以二维的方式来对待三维空间，因为如果保持身体固定不动，那么进行观察的眼睛会将5米以外的任何东西展为平面❶，这样以光学和纯视力的方式对待空间就成为了可能，眼睛就有可能以图像视觉方式来对待空间。文艺复兴的透视法以数学和机械方式将人体定位在空间中，透视法的使用要求艺术家懂得和熟悉图像的构成和企划，该时期的西方艺术家游移在神秘的空间网络和新的观察方式之间。达·芬奇、丁多列托以及其他画家借助引进多灭点的手法改造了线性透视，创造了更为复杂和丰富的空间。

光线、闪电、阴影、反射、色彩等所有人们所要探求的对象还不全是真实的物体，犹如幽灵，它们仅是一种视觉存在。笛卡儿从文艺复兴时期的透视法中获得了灵感。笛卡儿的理性空间对于一个不敢设想、过于依靠经验思维的头脑来说的确是真理。首先，它将空间理想化为完美、清晰、可掌握、均质的空间，这种想象的存在使人们的思想可以在其上翱翔而没有自己特殊和优越的地位。透视法鼓励在绘画中自由地表现对空间深度的体验以及更广泛地对存在进行表现。帕诺夫斯基（Erwin Panofsky）曾指出对透视法具有极高热情的文艺复兴时期人们的错误：文艺复兴时期所采用的角度透视将表面和显现的尺寸与人们观看该物体的视角相联系，而不是与距离相联系。另一方面，画家们从经验中得知没有任何一种透视技巧是完全正确的解决方式，没有一种对存在世界的投射能够照顾到所有的方面而成为绘画的基本规律。所以，文艺复兴的透视法所绘制的只是一种特殊的情况，是世界具有诗意的一个片刻，而世界在此之后还将继续发展。梅洛-庞蒂认为所有的视觉都有思想，但是仅仅思考对观看来说是不够的。视觉是一种有条件的思考；视觉的发生有赖于发生在身体上的情况。这种身体事件"由自然设定"（Instituted by Nature）和激发以便使人们观看这种或那种事情❷。

爱德华·霍尔认为伦伯朗的绘画在其时代并不广为人们理解，这是因为他采用了一种在当时是崭新的、与众不同的空间观察方式。他掌握了区

（续P82）

投射在视网膜这个二维的敏感表面上。然而，视觉仍然被感知为三维的。那么，失去的三维感是如何在知觉中重新恢复的呢？吉彭森的书是有关对象的，也就是有关对象的知觉（感知），而不是有关眼睛和视觉的感觉的，因此与建筑的视知觉关系较为密切。视觉世界的基本性质如下：它有长度、深度、直立、稳定、没有界限，它有色彩、阴影，而且是被照亮的，它有质感，有表面、边缘、形状、空隙。最后，也是最重要的，视觉世界充满了有意义的事物（见读书2-3页）。

❶ Edward T. Hall. the Hidden Dimension. New York: Anchor Books, 1969: 85.

❷ Maurice Merleau-Ponty. The Primacy of Perception. James M. Edie. Evanston: 2 Northwestern University Press, 1964: 174-175.

分"视觉域"和"视觉世界"的方法。霍尔在研究伦伯朗的绘画时发现，一些看上去清晰明确的细部，当观者靠得太近时就变得模糊不清了。在研究这种现象时，霍尔有了重要的发现。他在研究伦伯朗的一幅自画像时，被该画最有意义的中心——伦伯朗的眼睛所吸引。画中的眼睛在与面部其他部分相联系而重现时，在恰当的距离，该肖像画的整个头部呈现出立体的效果而栩栩如生。霍尔突然意识到伦伯朗在他的绘画中区分出了中心和边缘的视觉景象，伦伯朗描绘了一个静止的"视觉（像）域"，而不是他同时代的画家所经常描绘的那种传统的"视觉世界"。

观看物体时，人们通常重新创造所见到的现象以便去塑造一个所见的"完全"的形象。重新创造的活动对于观者来说是十分普遍的，这是为了体验所见物体的一种必需的活动。但是，人们的所见与根据所见重新塑造的可以有很大的不同。事物并没有一种绝对客观和正确的显现方式，只有主观对所见事物的无穷印象。通常，当人们对某物或某事具有某种程度的事先了解时，人们就可以较容易地感知。人们总是看到他们所熟悉的，而抛弃其余的部分。这就是说，人们重新创造了所见，使其成为某种亲密、可理解和可以把握的事物。

梅洛-庞蒂说："对于当代心理学和精神病理学来说，身体不再仅仅是在独立的精神范围世界中的一个物体。身体是在主体的一边。它是我们在世界中的观点，它是精神获得其特定的物质和历史情状的地方。正像迪卡尔曾经指出的那样，灵魂并不像驾驶员在船舱内那样仅仅在身体内部。相反，灵魂是整体和综合地与身体结合在一起。生机勃勃的整个身体和其所有功能都能进入到对物体的感知中——这种活动长时期以来一直被哲学认为是纯粹的知识。"他接着说："我们通过自己身体的处境来掌握外部空间……可能的运动系统，或'机动投射'以我们为中心向周围的环境发散出去。人的身体在空间中与物体在空间中是不同的。身体在空间中栖息和搜寻。身体将自身施加于空间中就像手与工具一样，当我们希望能够到处活动时，我们并不像移动物体那样来移动身体。我们移动身体并不需要任何工具的帮助，这如同魔术一般。因为身体是我们自己的，通过身体我们直接进入了空间。对于我们来说，身体远远超出一种工具或一种方式；它是我们在世界中的表现，是我们意向的可见形式。"[1]空间中运动的人通过从身体上获得的信息来稳定和巩固其"视觉世界"。视觉和身体知识是相互作用的。也就是说，视觉并不是孤立的视觉活动，它们依赖于身体自身、身体活动和身体"知识"来共同运作。当然，没有人能够否认"视觉世界"是"感知和知觉世界"的重要组成部分。

梅洛-庞蒂认为空间形式或距离是具体空间中不同点之间的关系，这种关系远不如这些点与作为观察中心的人的身体之间的关系重要。他还认为，与几何物体不同，知觉的事物并不由先验存在的构造规律所限定，感

[1] Maurice Merleau-Ponty. The Primacy of Perception. James M. Edie. Evanston: 2 Northwestern University Press, 1964: 5.

知的事物通常是一种开放和不可穷尽的系统[1]。阻止人们将知觉作为一种智力和理性活动来对待的原因是理智活动总是试图将对象作为可能或必需来对待。但是，在知觉中，它是真实的，它是给予物体的一系列无限透视视点的总和。当然，没有一种视点能够彻底给予，也就是说，没有一种视点能够为某视物提供完全、彻底和穷尽的整体视觉。梅洛-庞蒂的这个观点继承了胡塞尔的感知或知觉理论。胡塞尔说："任何一个空间对象都必定是在一个角度上、在一个角度的映射中显现出来的，这种角度或这种在其中每个空间对象都必然显现出来透视性映射，始终只是单方面地使该对象得以显现。无论我们如何完整地感知一个事物，它永远也不会在感知中全面地展现出它拥有的以及感官事物性地构成它自身的那些特征。"[2]因此，单纯的视知觉永远是片面和不全面的。德勒兹（Gilles Deleuze）在论述电影时认为："影像的第一特征不再是空间和运动，而是拓扑空间特征（Topology）和时间"。[3]他还认为："感知-运动情境的空间是一个特定环境，包含一个揭示它的动作或引发某种适合或改变它的反应。但一个纯视听情境则建立在 '任意空间'之上，它要么是脱节的，要么是空荡的。"[4]

　　自阿尔伯蒂以来，西方建筑理论主要强调的是建筑的视知觉以及视觉的和谐与比例等问题。视觉形象主导所有感觉器官的情况在现代主义理论著作中占有主导地位，柯布西耶是其中的典型。但是，柯布西耶是一位富有塑造感的建筑师，他对材料、塑性和引力具有丰富的感觉。在他的作品中，手与眼睛具有相同的作用。那种富有生命力的感触和接触性要素表现在他的草图和绘画中，这种对触觉的感觉力融合在他的建筑观中。在密斯的作品中，那种独特的有关秩序、结构、重量、细部和工艺手法丰富了建筑的视觉纲领，更重要的是他将对立和矛盾的意向要素巧妙地融和了起来。因此，我们从柯布西耶和密斯那里习得的就是不应该仅仅从字面上理解艺术家和建筑师的口头陈述，因为这些表达通常仅仅表现了一种意识的表面理由或某种辩词，这些也许恰恰与使作品感人的那种深层潜意识的意向正好相反[5]。当代城市越来越成为"视觉的城市"，它因机动车辆快速的运动而与人的身体相脱节。目前为止，建筑历史和批评几乎都是围绕视觉机制和视觉表现来进行的。建筑形式的知觉和体验通常采用视知觉的格式塔规律来分析。在当代建筑设计领域，强调建筑视觉的重要性在一些建筑师身上已经成为一种快速获利和成名的手段，一些建筑设计与计划就是为创造和形成一种对视觉产生强烈震撼的建筑形式。20世纪80年代出现的以埃森曼为代表的解构是其典型。强调建筑形式在视觉上的一鸣惊人也充分表现在美国建筑师盖里和其他一些洛杉矶建筑师身上。

　　帕拉斯玛认为，近几十年来，建筑艺术领域中对视觉的偏爱愈趋明显。代之以探索如何以存在作为立足、锚固和体验的建筑，建筑师们采取

[1] Maurice Merleau-Ponty. The Primacy of Perception. James M. Edie. Evanston: 2 Northwestern University Press, 1964.

[2] 胡塞尔著，黑尔德编.生活世界现象学.倪梁康，张廷国译.上海：上海文艺出版社，2005：46.

[3] Gilles Deleuze.Cinema 2 The Time-Image. trans. Hugh Tomlinson and Robert Galeta. Minneapolis: University of Minnestoa Press, 1989：125.

[4] 吉尔·德勒兹.电影2 时间-影像.谢强，蔡若明，马月译.长沙：湖南美术出版社，2004：8.

[5] Juhani Pallasmaa. The Eyes of the Skin, Architecture and the Senses. Wiley-Academy, 2005：29.

了促销心理策略和立竿见影的方式。由此，建筑成为脱离了存在的深度、脱离了真实感的图像产品。这种趋势不仅仅使图像和形象在建筑设计中占有统治地位，而且建筑已经由原来应该具有的那种在环境中产生身体与情景遭遇的现实，变为将在尘世间匆匆忙忙寻觅的眼睛作为视觉焦点的摄像机，去制造形象和图片影印艺术。在今日形象和图像文化中，视觉被训练成将事物展平成为图像而失去了事物活生生的塑性。代之在生活的世界中体验真实的存在，人们作为观者把自己置于世界之外，并将形象投射在自己的视网膜上。桑塔格（Susan Sontag）十分形象地比喻了照片在人们形成视知觉时所起的作用，她描述了那种从摄影镜头看世界的心智，也就是将世界看作一系列可能入镜的照片的心态❶。亨利·列斐伏尔认为建筑师的所谓"主观"空间装满了过于客观的意义：这是一个视觉空间，一个简化为施工蓝图和纯粹形象的空间，简化为那种无法使人想象的"形象世界"的空间。这种简化被文艺复兴时期发展出来的线性透视法所强调并加以合理化❷。我们在前面已经谈到，透视法具有一个固定的透视点，一个不可移动的知觉域和一个稳定的视觉世界。这种将世界简化为看与被看的形象和立面的倾向其实是一种将空间贬值的倾向，当然也是一种不切实际的幻想的反映，这种幻想认为所谓"现实"的"客观"知识可以通过图像表达，可以通过表现手段获得。王澍则不这样认为，他说："这房子本来就不是为了给照相机制造障碍而做，或者说，首先不是为了视觉而做……在一个视觉至上的时代，人们已经忘了除了视觉还有其他东西。"❸

　　但是，当建筑失去其可塑性，失去了与语言和身体智慧的联系，它们就被隔离在冰冷和遥远的视觉王国中了。当建筑失去了触摸感/性以及为身体（尤其是手）塑造的尺度和细节时，建筑就会呈现出那种扁平、单调、无特色、棱角分明和边缘锋利以及不真实的现象和特征。帕拉斯玛认为砖、石和木等自然材料使得人们的视觉穿透其表面，使人们可以信任事物和材料的真实性和可信度（图25、图26）。自然材料表达了它们的岁月与年代、它们起源的故事和人类使用它们的历史。所有事物都在时间中

❶ Juhani Pallasmaa. The Eyes of the Skin, Architecture and the Senses. Wiley-Academy, 2005：30.

❷ Henri Lefebvre. The Production of Space. trans. by Donald Nicholson-Smith. Oxford: Blackwell, 1991：361.

❸ 彭怒，支文军，戴春. 现象学与建筑的对话. 上海：同济大学出版社, 2009：358.

图25　砖的视觉与触觉体验：北京胡同与四合院（左）

图26　砖的视觉与触觉体验（格林兄弟：索尔森住宅）（右）

图27　砖、石和木等建筑材料
磨损的痕迹1（北京北海公园）
（左）

图28　砖、石和木等建筑材料
磨损的痕迹2（北京北海公园）
（中）

图29　砖、石和木等建筑材料
磨损的痕迹3（北京北海公园）
（右）

延续，建筑材料磨损的痕迹也丰富和加深了时间的经验和痕迹（图27～图29），今日机械制造的材料则没有这些特点❶。今日建筑的那种单调感由于建筑材料性质的削弱而被强化了。如果建筑师过度强调视觉形象，将建筑设计得过于图像和景象化，或过度的风景化和形象化，便会失去建筑的那种亲切、感人的私密性。

　　不过，视觉并不是单独工作的，它总是与其他感觉相互合作。包括眼睛在内的所有感觉器官都可以看作是触觉的延伸。接触是肌肤的专长，它界定肌肤与环境的接触面。帕拉斯玛甚至认为眼睛自身也在接触和抚摸，凝视意味着无意识的抚摸，它是身体的模仿和认同。虽然这种明确的观点来自于梅洛-庞蒂，但在他之前，18世纪英国哲学家贝克莱也认为如果没有触觉记忆的协助，对材料、距离和空间深度的视觉领会是不可能的。贝克莱认为视觉需要触觉的帮助，因为触觉提供了"坚固、抵抗和突出"的感觉。与触觉分离的视觉没有有关距离、外部和深刻（度）的内容，从而没有空间和体积的概念。与贝克莱相仿，黑格尔认为惟一能够赋予空间深度的感觉是触觉。视觉揭示了触觉已经知道的事情，我们可以将触觉认作无意识的知觉。眼睛扫视远处的表面、轮廓和边角，如同在进行着肌肤的接触（图30～图34）。身体不仅仅是物质实体，它还被记忆和梦想、过去与未来所丰富。建筑艺术还涉及和关怀人类存在于世的形而上学和存在等问题。拉斯姆森称观看需要观者的一定的活动，仅仅被动地让图像在视网膜上成像是不够的。虽然视网膜如同屏幕，不断变化的"图像流"在上面

❶ Juhani Pallasmaa, the Eyes of the Skin, Architecture and the Senses. Wiley-Academy, 2005: 31.

图30　石的视觉与触觉体验：北京前门大栅栏（左）

图31　木的视觉与触觉体验（右）

图32~图34　建筑材料与视觉、肌肤的接触（北海万佛楼）
（左、中、右）

❶ Steen Eiler Rasmussen. Experiencing Architecture. Cambridge: MIT Press, 1957: 35.

❷ Gaston Bachelard. The Poetics of Space. trans. Maria Jolas Boston: Beacon Press, 1969: 74.

❸ Steven Holl. Parallax. New York: Princeton Architectural Press, 2000.

出现，但是，大脑仅仅能够意识到其中很少的一部分❶，另一方面，人们只需要十分微弱的视觉印象就可以认为自己看到了某物体。视觉形象和心智意象是无法衡量的，即使这些形象和意象是有关空间的，其尺寸也是不定和变化的。有些形象是原始和根本的，这种形象能够将人们最基本和原始的本质引发出来，所有宏伟和简单的形象都揭示了一种精神状态。隐喻则是一种虚假的形象，因为它没有形象所具有的那种直接特性，也就是它不具有看之所看和触摸之所触摸的那种直接和真实的性质。巴什拉认为无法在现象学层次上研究隐喻❷，因为它是那种制作出来的形象，它没有深刻、真实和诚实的根源。因此，后现代建筑以及建筑符号学研究中讨论的有关符号、象征、约定俗成和意义等内容从现象学角度来看是值得商榷和重新思考的。

当然，视觉在环境感知的各种知觉系统中仍然是最重要的。不过，在我们探讨现象感知的知觉系统时不应该将自己限制在传统和习惯的感知定义和情状中，尤其是在视觉习惯思维的历史和偏见格外深厚的情况下更应该慎重。霍尔试图在当代社会和环境中重新发现视觉的新颖性和新维度。他认为，在城市空间中经过，人们处在动态状态中，在相互交叠的透视网络中运动。当身体前行，不同的视角展现又消失，近处和远处的物体之间变化运动，形成一种不断运动和变化的，被霍尔称之为"视差"的景观建构❸。

霍尔"视差"中的一个重要理论概念是"弹性视域"（Elastic Horizons）。"弹性视域"的概念与过去30年以来科学领域的新发现拓广了人们的视界有关。自1969年"登月"以来，人们已经能够从遥远的外太空，甚至其他星球来观看地球，但是这种超出地球以外的新知识和新视界并不应该减弱人们对地球上可能出现和拓广的体验的期望。作为理解空间的一种新样板，人类重新为充满活力的知觉提供了有关空间想象的新观点。霍尔认为，21世纪知觉被科学上的空间发现所改变，基本体验的视界已经扩展，并将继续扩展。人们以不同的方式进行思考和体验，因此感觉自然也不相同。有关星际空间的新观点扩展了人们的心理空间。人们思想的视界从来没有如此广阔，而且还在不停地扩展着。当人们所在的地球的视域逐渐缩小，人们思维的视界则在扩展，在所有尺度上，人们的价值都要重新定义[1]。

　　空间是建筑的基本媒介，空间也有不同的表现方式：建筑中的虚空，围绕建筑的空间和城市中的空旷空间，宇宙中的星际空间都是空间。空间的限定是通过知觉角度建立的，历史上以水平空间建立的封闭和固定的透视观念在今天逐步让位于垂直向的尺度。建筑体验已经从历史的围墙中解放出来。取代了对水平方向空间的知觉和体验，垂直和倾斜的滑动已经成为新空间知觉的关键。空间中运动的身体通过重叠和交叉的透视而成为人们与建筑之间的基本联系。那种"明显的视域"是运动的身体对空间进行解释的一个决定要素，然而，现代都市通常缺少这种视域。在视差中对空间秩序的体验，好似一种发光的意识和体验的流动，只能在个人知觉中展现。在衡量建筑时没有其他内容比真实的知觉更为重要。霍尔认为，如果容许照片和视屏形象取代真实的体验，那么人们感知建筑的能力就会急剧地缩小，以致最后无法领会建筑[2]。

　　霍尔认为建筑结构的边缘、轮廓和表面限定了城市空间，在光线下，它们通过动态的知觉展现出来。由于单纯的立面和几何形过于简单和有限，如果仅从立面和二维平面进行设计，就无法充分调动视知觉的潜力和能力，也无法对多样化和多视角的空间进行充分的体验。通过移动的身体这个维度所产生的城市空间体验是与照射在空间边缘的光线分不开的。移动的阳光与静止不动的建筑体量相互作用而在空间限定中成为一种建立关系的力量。太阳的白光，树木投射的阴影以及阴影中混凝土墙面的光泽与运动着的身体相互作用。夜晚的城市空间用投射的灯光，玻璃幕墙的闪光以及由雨和雾引起的光影变化拥抱着人们。一个被数不清的高楼和街段分割的城市在夜里被光线重新"定义"和"解释"而成为闪烁着微光的棱镜。夜晚被雾笼罩着的高楼顶端的光线，夕阳西下时高楼玻璃幕墙顶端反射的金色光线产生的神奇景象和视觉空间景象显示出当代城市空间所能提供的新城市空间体验。由此，我们理解了现代城市的空间限定是与运动、视差和光线的网络契合在一起而无法分割的。尺度自身无法创造空间，相反，空间是在知觉中被限定的一种性质。因此，霍尔认为城市体验"是一系列不完全的视域和景色，每个角度都切割下不同的几何形"。[3]在这个过程中，身体结合和描述了世界，运动力和作为主体的身体是衡量建筑空间的仪器。身体通过伸展，视觉通过透视和叠合等运动综合起来成为一个真实生活空间的量器。这样，身体将身体上所有知觉系统和器官统一起来而在空间中获得一种综合全面的空间知觉和体验。

　　建筑的知觉是一种通过各种感觉器官（包括视觉）综合起来而获得的感觉与知觉。感觉是一种更为本能的、通过具体感觉器官直接获得的体验，知觉则是感觉通过心智的积极参与而获得的体验。除视觉外，具体的建筑感觉器官，还有听觉、嗅觉、味觉、触觉、肌肉和骨骼的力度与节奏

[1] Steven Holl. Parallax. New York: Princeton Architectural Press, 2000: 20.

[2] Steven Holl. Parallax. New York: Princeton Architectural Press, 2000: 26.

[3] Steven Holl. Parallax. New York: Princeton Architectural Press, 2000: 31.

感觉，各种感觉器官综合在一起所获得的建筑体验与知觉就是一种纠结和绵延的整体建筑知觉体验。

4.听觉体验

空间之音。聆听！室内如同大型乐器，聚集声音，将其放大，将其传播到其他地方……但是，不幸的是许多人意识不到室所产生的声音。那种与特定的室联系起来的声音，从个人角度讲，那总是首先进入我头脑的声音是童年时，母亲在厨房弄出的声响。这些声音使我快乐。

——彼得·卒姆托（Atomospheres）

爱德华·霍尔在《隐藏的尺度》一书中认为，与听觉信息相比，视觉信息更加集中而较少含糊性。虽然人们不知道眼睛和耳朵具体接受多少信息，但是通过比较眼睛和耳朵与大脑联系的神经的多少，人们可以大致得出它们所获得信息的多少。眼睛与大脑联系的神经是耳朵的18倍。耳朵在20英尺内十分灵敏，单向声音交流在100英尺内还有可能，双向声音交流就成为不可能的了。眼睛可以在300英尺内没有任何问题地看到东西[1]。梅洛-庞蒂指出，视觉刺激和声音刺激不同，两种刺激都只能引起不完全的反应。声音更容易唤起触摸运动，视知觉更容易唤起指出动作[2]。实际上，如果行为是一种形式，其中的"视觉内容"和"触觉内容"，感受性和运动机能仅仅作为不可分离的因素，那么行为仍然不能用因果思维来解释，而只能用另一种针对初始状态物体的思维来解释，就像行为带着围绕它的意义气氛向体验它的人呈现，体验它的人也力图进入这种气氛[3]。

敏锐的听觉器官能够辨认出微妙和美妙的诗韵，反过来说，诗人写出的美妙诗篇能够表达出声音的韵律。同样，建筑师设计出的建筑和空间能够表达出其微妙的声学和音响效果，完美的建筑和空间所表现出的声学效果能够充分表达该建筑和空间的使命和目的。某些建筑和空间能够聚揽微妙的宇宙声息，从而使位于其中的人们体验到万物的生生不息以及广袤宇宙的寂静和深远。另外一些建筑和空间则聚集了空间中不同的声音，将其疏远和间离，使其背景化，获得闹中取静的效果。在一定程度上，与诗相似，建筑和空间的"诗意"和"诗学"将取代或主导建筑和空间的"意义"。在这样的空间中，我们听到的是建筑和空间所聚集和汲取的无限宇宙的一个缩影；在这样的空间中，我们可以说宇宙的缩影在娓娓地向我们诉说。巴什拉说道：诗人经常把不可能的声音世界介绍给我们[4]，不过诗所表达的形象至少存在于表现的现实中。这种形象的所有存在都有赖于诗的表达。声音有时又带有颜色，戈蒂耶（Theophile Gautier）写道："我的听觉变得十分敏锐，我听到颜色嘈杂的声音，红、黄、蓝、绿的声音以

[1] Edward T. Hall. The Hidden Dimension. New York: Anchor Books, 1969:42-43.

[2] 莫里斯·梅洛-庞蒂. 知觉现象学. 姜志辉译. 北京：商务印书馆，2005：155.

[3] 同上：162.

[4] Gaston Bachelard. The Poetics of Space. trans. Maria Jolas Boston: Beacon Press, 1969: 176.

不同的频率到达。"❶寂静有时又震荡在诗中，有些诗走向寂静，如同走向记忆。这时，人们不知道应将这种寂静置于何处，是将其置于广袤的世界中，还是放在无限的过去中？人们在建筑和空间中也会遇到同样的情景。寂静的气味是如此地古老，随着生命衰老，人们逐渐变得寂静，直至最终被寂静所吞没。因此，巴什拉向："没有听，如何能看？"

　　所有孤独的梦想者都知道闭上眼睛去聆听与睁开眼睛是不同的。在我们生活的微妙和敏感时刻，有时某种声音会触及心底最深处，在那片刻的时间中，某种心灵深处的记忆、回忆和幻想会忽然涌上心头，从而建立了视觉与听觉之间形而上学的联系——那种视与听之间的先验联系。日常经验告诉我们，合上眼睛产生的不仅有视觉幻觉，而且有听觉幻觉。厨房中传来的刀叉撞击声响，学校中传出的读书声，预示着喧闹和寂静到来的课间铃声。

　　拉斯姆森在他的《体验建筑》一书的最后一章"聆听建筑"中讨论了营造形式的声学特征，他提醒人们，声音在空间中的反射和吸收直接影响到人们对给定空间和体积的心理反应，并认为我们应当意识到声学在人们对空间的理解和感知上所起的作用❷。声音在教堂中回响、震荡，这与在一间充满挂毯、地毯和坐垫的房间中的声学效果截然不同。拉斯姆森谈到巴格纳尔（Hope Bagenal）在《良好的声学设计》一书中阐述了教堂的声学效果与教堂中的宗教仪式，音乐的发展与教堂空间、布局和材料之间的关系以及历史上的教堂类型对音乐学派所起的影响。例如，人们学会将古老教堂中的墙作为强有力的乐器。巴格纳尔令人信服地阐明了宗教改革后的教堂，由于在教堂的石质室内表面上添加了吸声的共鸣（木）板，导致回声频率大幅度缩小，使得产生比中世纪教堂音乐更为复杂和丰富的音乐成为可能。莱比锡的圣·汤玛斯教堂（St. Thomas Church）就是这时期的典型，巴赫当时任该教堂的管风琴手，他的大部分音乐是为该教堂而作。也就是说，宗教改革后教堂空间的声学效果发生了变化，才使得巴赫创造出了那样丰富的音乐作品。建筑理论和建筑史家弗兰普顿甚至认为形式的整体性有时也许需要依靠声学效果来获得，例如他认为杰出的墨西哥建筑师巴拉干的San Cristobal住宅通过位于中心的反射水池和其喷泉的水声一起保证了建筑的整体性。

　　墙在古老的教堂中实际上是一种非常有效的工具。它在宗教活动中是一种辅助性的乐器，这是人们在历史中通过使用而了解到的功能。乐器演奏和唱诗班的声音的存在，尤其是那些独特的声音在创造和获得一种整体的场所和"家"的概念上起着十分重要的作用。声音的存在也创造了一种完整的城市和场所概念，如果没有声音的存在，人们有关家和场所的形象就不完整，就没有那种活灵活现的真实生活。因此，声响在创造一种主体清晰的城市意象上起着十分重要的作用。

❶ Gaston Bachelard. The Poetics of Space. trans. Maria Jolas Boston: Beacon Press, 1969: 178.

❷ Steen Eiler Rasmussen. Experiencing Architecture. Cambridge: MIT Press, 1957: 27.

拉斯姆森强调，看一个场所的照片与亲临其中是完全不同的。他说："当你看到那真正的地方，你就会得到一种完全不同的印象。代之以街景照片，你得到的是整个城市的感觉印象和气氛。"他接着说："你呼吸到那个地方的空气，听到它的声音，注意到在你身后的房子是如何反射和产生回声的。"❶这样，声音似乎体现了一个比视觉和可见世界更小的世界。视觉空间是围绕着物体系列在空间中产生和构成的，而声音的世界与空间的来源似乎是集中的。但是声音所引发和使人们联想的世界是深远的，与声音相联系的世界通常和与视觉联系的世界在本质上有着很大的不同。声音的世界通常是遥远和令人联想的，是与记忆和潜意识相联系的。声音的世界在质量上是非理智、非科学的，它具有很强的神秘性质。声音的世界又与寂静和沉思冥想紧密相关，只有在寂静的时间和空间中人们才能得以沉思冥想。声音的空间时常引发这样的情景：声音的存在使得一个场所和空间显得更加安静，例如水入深潭、秋风落叶、夜晚由远而近的火车鸣响、寺院的钟声等。声音又具有强烈的穿透久远的时间间隔、缩短时间和历史的功能。在人的心智中，它与视觉、体验、记忆和沉思冥想的经验的结合是深刻和内在的。它能够穿越时空将人们带回到即使几十年不曾想到和不再经历的时空中。2006年除夕，驾车在小城伯克利街上，NPR的新闻广播中忽然传出十几年未闻的北京除夕夜的密集鞭炮声。就在那一刻，童年时除夕放鞭炮的景象重新浮现在眼前：漆黑的夜、白白的雪，深深的廊檐、冰冷的石阶，还有吱吱叫的钻天雷，手中甩出而落在院中松树上的清脆爆竹。因此，声音所具有的感知功能是内在和亲密的，而且这种知觉具有持久力。

帕拉斯玛认为视觉有着隔离的作用，声音则有着连接和结合的作用；视觉具有特定指向性和方向性，声音则是全方位的。视觉暗示一种与外部隔离的性质，因为观察和观看本身已经揭示了那种内与外、我与它之间的对立，而声音创造出的是一种内部感觉的体验。人们可以主动地去接近一件物体，声音则主动地来接近人们，视觉探索，声音接受。对听觉的这种感觉表达和构造了对空间的体验和理解。我们通常并不能感受到听觉在空间感受和经验上的作用。然而，听觉为人们提供了一种视觉印象深埋其中的暂时延续性。因此，听觉具有一种亲切性❷，一种声音的亲密性。20世纪80年代中期盛夏访问山西太原晋祠时，记得曾在附近一配殿中租一板床，午休时身贴凉床，眼望高敞大厅上的梁椽和藻井，殿外传来的蝉鸣，拂过身体的穿堂凉风，至今仍留有深刻的记忆，而晋祠本身则没有在记忆中留下什么印象。那种蝉鸣的声响和高敞大厅与藻井合成的空间图像已经成为一种浑然一体的经验与记忆，不能想象这种一体的体验与记忆如果没有蝉鸣还能够存在。

在城市、街区和建筑中，声音还与时间内在地联系起来。时间缓慢地

❶ Steen Eiler Rasmussen. Experiencing Architecture. Cambridge: MIT Press, 1957: 40.

❷ Juhani Pallasmaa. The Eyes of the Skin, Architecture and the Senses. Wiley-Academy, 2005: 50.

流逝，在古老的帝王宫殿中灯光总是一样的。意大利著名作家卡尔维诺在他的短篇《在美洲虎的阳光下》中讲述了皇宫中的声音，他写道："你倾听时间流去，嘈杂的声音如同风一样，风从宫殿的走廊中吹过，或在耳鼓的深处吹过。帝王没有时钟，他们主导着时间的流逝。你只要竖起耳朵便可以识别宫殿中不同时间的声音。早晨是塔上升旗时号角的嘟嘟声，皇宫庭院中店铺前皇室货车装卸货物的货篮和木桶声音，仆人拍打挂在廊子栏杆上地毯的声音，晚上宫殿大门关上时吱吱嘎嘎的声响，厨房中传来的刀叉撞击声响，马厩偶尔传来的马的低声嘶鸣预示了梳洗马匹的时间。宫殿就是钟表，它的声音跟随着太阳的轨迹。"[1]你在声音的日历上识辨参观的日期：通过公共汽车在宫殿停车的声音、导游的声音，不同语言感叹和惊叹声音[2]。他十分有趣地描写道："让我们想象在每一个声音症像（符号）周围的墙、天花板、地面都形成某种空穴而使得声音从中传播扩散，还有声音所遇到的阻挡，这些声音都能够表达自己的形象。一个微微屡动的银质的叮当声并不仅仅是汤匙落在盆中平衡下来传出的声响，它还预示着罩在餐桌台面上带有旒花的桌布以及从高窗中透过紫藤箩花射下来的光线。一个柔软的撞击声不仅是一只猫跳出来抓住一只老鼠，而且显示了在被木条封闭的楼梯下的阴暗、潮湿空间。"[3]

　　宫殿是在某一时刻扩张，在下一刻收缩的声音的构筑，紧凑得如同一个紧紧相连的铰链。你可以在回音、局部的嘎吱声、铿锵声、吱钮声、沙沙声、隆隆声、汩汩声、咚咚声的引导中通过。宫殿是有规则声音的信号，它总是相同、如同心脏的脉动。在该声音律动中，其他不规则的声音便显现出来。掩门的声音，在哪里？什么人跳下楼梯的声音，可以听到尖叫声，紧张而又漫长的几分钟过去了。一个悠长的令人胆战的哨声，也许是从塔楼窗户中传出的，塔楼下有一个应答的哨声。随后便是寂静[4]。卡尔维诺通过描写宫殿中的声音，描绘了宫殿中活生生的真实生活。

　　帕拉斯玛谈到那些生长在夜梦中伴随着远处火车鸣响的人们与城市中的人们一样体验到了城市空间，他们理解声音对人们的想象力有着何等重要的力量。夜半火车由远而近到消失的鸣响使人们意识到整个沉睡的城市和城市空间以及城市意象。那些被水入深潭发出的悠远声响所吸引而为之着迷的人们印证了人类的听觉器官可以在黑夜的空间中探测。被听觉探知的空间会成为一种痕迹刻印在头脑的记忆中。任何有在城市深夜睡梦中迷迷糊糊地听到火车鸣响的经验的人们，都能通过睡梦体验到城市空间和其分布。城市中居住的人们都能理解声音对想象所起的作用。夜间的声音提示了人类的孤独、寂寞、渺小和无助，使人意识到整个沉睡的城市。相反，一个温暖、可居住的家中的声音由于被家什物件所吸收、折射而减弱。人们也可以回想、对比那种生硬和刺耳的音响与有人居住的家中声音在房间中被多种家什和个人生活用品所打断、反射而减弱的那种柔和与温

[1] Italo Calvino. Under the Jaguar Sun. A Harvest Book. Harcourt, Inc., 1988: 36-37.

[2] 同上：41.

[3] 同上：42.

[4] 同上：43.

暖的感觉。每座建筑或空间都有它或是私（亲）密的，或是纪念性的，或是欢迎和亲善的，或是拒绝性的、含有敌意的声音。每座城市都有其自己独特的、具有识别特征的声音：对生活在北京城中的人们，火车站附近所听见的出入站火车的鸣响以及寂静雪夜中的静寂所带来的古老北京的气息；上海外滩，货轮低沉的汽笛鸣响给人带来的滨海城市感受；梅雨时节，江南城镇中那种细雨无声所带来的慵懒、无可奈何和节奏缓慢的中小城镇的生活感觉。这种声音和声音形象充满了整个空间和景观，尤其是夜色中的景观。

视觉使人们与周围的事物分离开来，这是那种孤独的旁观者的感官，听觉则创造了一种联系和结合的感受。帕拉斯玛谈到当人们的眼睛在空荡、昏暗的教堂中孤独地搜寻时，管风琴的声响使人们意识到人与空间的关系。当人们独自紧张地注视着马戏团的表演时，周围爆发出的掌声和喝彩声则使其与其他观众融合了起来。回荡在小城街道上的教堂钟声使人们意识到自己是社团的一员。石板路上回荡的脚步声具有一种感人的魅力，因为从周围墙上返回的声音将人们与周围的空间直接联系了起来。帕拉斯玛说：“声音帮助人们衡量空间并使空间尺度易于掌握。人们用声觉来感知空间，每个城市都有其独特的回声，这种回声由街道的尺度和模式以及占主导地位的建筑风格和材料来决定。今日的城市失去了这种城市的回响，因为那种空旷和开放空间的现代城市街道不能够反射回声。”[1]拉斯姆森在50年代批评现代建筑没有重视建筑能够创造不同的声学效果这一点，他说：“今日人们喜好的是那种不自然的室内：一面是玻璃，三面是光滑、平整、坚硬和闪亮的墙，同时其共鸣效果被人工地压制。”[2]

当代和现代建筑失去了建筑的声学特性，建筑现象学的讨论试图使人们重新在建筑设计中重视原始和有效的声学效果以及研究和塑造那种为人们生活带来深刻体验的声音效果和感知。

[1] Steen Eiler Rasmussen. Experiencing Architecture. Cambridge: MIT Press, 1957.

[2] 同上: 235.

5. 触觉体验

对建筑材料的体验不仅是视觉的，而且是触觉、嗅觉和口感的。所有这些与空间和人们身体在时间中的轨道交织起来。也许其他领域都不能像触觉领域那样更直接地与多种现象和感知体验相接触。建筑的触觉领域自然由触觉来界定。当细部的材料性形成，一个建筑空间变得明显时，触觉领域便打开了。感觉的体验强化了，心理尺度也加入进来了。

——霍尔（Intertwining）

从触觉系统而来的感觉是由整个身体而不仅仅是手的接触而获得的感觉。作为一种知觉系统，触觉将各种独立的感觉结合统一了起来，从而使人们在身体内与身体外部同时感知。其他感觉系统都不如触觉系统那样能够直接地与三维世界相接触，也不如触觉系统那样能够在环境中感知并且改造环境。就是说，其他感觉系统都不具有触觉系统那种能够直接与人进行感情交流，同时还进行运动的能力。触觉系统所具有的这种行动与反应特征将其与其他相对抽象的感觉系统区分开来。

　　梅洛-庞蒂在《知觉现象学》中认为传统心理学缺少能表示各种地点意识的概念，因为传统心理学认为地点的意识始终是位置的意识，是表象。传统心理学以一种方式把地点作为客观世界的规定性呈现给我们，这样的表象要么存在，要么不存在。如果存在，它将给予人们毫不含糊的对象。他提出空间是一种身体和运动的呈现，并认为为了表达"身体空间"，需要制定出可以在一种触摸意向中向人们呈现的概念，而不是在一种认识意向中向人们呈现所需的概念。他采用病理例证阐明了病人意识到身体空间是其习惯行为的外壳。一方面，有作为身体能力可能作用点的周围环境；另一方面，有作为肌肉和骨骼的身体器官，作为弯曲和伸展的装置，作为用关节连接在一起的身体，有作为我虽不在其中但我能沉思和用手指指出的纯粹景象世界。至于身体空间，我们知道有一种能归结为与身体空间共存，但不是虚无地点的知识，尽管这种知识不能通过描述或通过动作的无声指认表现出来❶。体验到的关系是出现在身体本身的自然系统中的。梅洛-庞蒂说："在剪子、针和熟悉的工作面前，病人不用寻找他自己的手或手指，因为他的手和手指不是需要在客观空间里找到的物体，不是骨骼、肌肉和神经，而是一种已经把剪子和针对知觉调动起来的能力，是将他和给出的物体联系在一起的'意向之线'的中段。我们移动的不是我们的客观身体，而是我们的现象身体，这并不是秘密，因为是我们的身体，已经作为世界某区域的能力，正在走向需要触摸的物体和感知物体。"❷他的理论指出，身体以及身体的各个组成部分本身已经是空间的一部分，甚至就是空间自身。抬腿、举手、在场所中运动的限定区域的活动本身就是空间的呈现。

　　梅洛-庞蒂认为在正常人身上，每一个运动的或触觉的事件都使意识离开从作为可能运动中心的身体到身体本身、到物体的丰富意向这样一种过程。抽象运动在发生具体运动的充实世界内，开辟了一个反省和主体性的区域，把一个可能的或人的空间重叠在物理的空间上。因此，具体运动是向心的，抽象运动是离心的，前者发生在存在或现实世界中，后者发生在可能世界或非存在世界中，前者依附于一个已知的背景，后者则自己展现其背景。❸❹总之，将情景、事件、空间与身体的运动和接触联系起来的现象学概念对在建筑领域探索空间合成，空间序列和秩序的发展和组织具有启发性的意义。

　　肌理和质感的感知最初是由触觉引发的。帕拉斯玛在《建筑七觉》

❶ 莫里斯·梅洛-庞蒂.知觉现象学.姜志辉译.北京：商务印书馆，2005：144.

❷ 同上：145.

❸ 同上：第148-159.

❹ 同上：第152-153.

中讨论了触觉在建筑感知中的作用。他称这种知觉为"触摸的形状"，那就是肌肤可以感觉质感、重量、密度和温度（图35、图36）。他使用了颇具感性的语言来阐述这种体验：一个由手工艺工具打磨的物件表面，经长年使用而磨成一种完美的形状。这种形状具有吸引人们去抚摸的能力。开启一扇门把经长年使用而磨光的门，给人一种特殊的经验。因为门把转变为了一种欢迎和友善的意象，与门把接触就成为了与建筑"握手"的活动。重力是由脚底感受的，当你在夕阳西下的海边光着脚站在礁石上等待日落，脚下感到的是被阳光烤热的石头、晒热的沙滩，这时的感觉是一种治疗和安慰的体验。它使人们感到自己是大自然永恒循环的一部分，耳听潮涨潮落，人们可以体验感受到大地缓慢的呼吸。大地缓慢的呼吸是一种静谧的声音，它与自然永恒的韵律联系在一起。[1][2]这种呼吸和韵律唤醒了一种安宁和平静的体验和感受。它体现了生活的那种安宁性质，并向我们的听觉和感觉器官传达了那种具有生命的和亲切的明证，同时带来了平静并开启了无限的空间。皮肤能够读解质感、重量、密度和物体的温度。经长久使用抚摸的老物件对人们有着很强的吸引力，引诱着手的触摸（图37）。这种触摸的感觉将人们与时间和传统连接起来：通过触摸的印迹，人们得以与接触无数代人的手的活动沟通起来，得以体会到那种经年累月生活的真实感受。将一块海边经海浪冲刷的鹅卵石放在手心，这是一种使人快乐的体验，其原因不仅是其圆滑的形状，而且还因鹅卵石传达了一种缓慢形成的过程。手掌中的卵石使这种长期的时间变得具体和物质化，也就是时间转变成了具体的物质形状。笔者至今仍记得20年前躺在被深秋阳光晒暖的清西陵汉白玉石阶上，身下传来的那种温暖的感觉。

[1] Juhani Pallasmaa. an Architecture of the Seven Senses// Steven Holl, J. Pallasmass, A. Perez-Gormez. Questions of Perception - Phenomenology of Architecture. Architecture and Urbanism, 1994 : 33-36.

[2] Juhani Pallasmaa.the Eyes of the Skin, Architecture and the Senses. Wiley-Academy, 2005: 58.

图35、图36　质感的对比——北京四合院青砖墁地与石阶之质感对比（左、中）

图37　门把的触觉体验：梅贝克的基督科学会第一教堂室内门饰（右）

帕拉斯玛论及在肌肤和家的感觉之间有一种强烈的相似性，家的感觉其实是一种温暖的感觉。壁炉周围温暖的空间是一种终极的、亲密的、安慰的和舒适的空间。强烈的归家感莫过于在冰雪覆盖的地区黄昏时从窗户中射出的灯光，这时产生的那种对温暖室内的回忆温暖了冰冷的四肢。肌肤的接触是一种接近、亲密和有影响力的感觉。人们在抚爱恋人时常会合上双眼，这是因为黑暗减弱了视觉的锐利，从而启动了触觉的幻想。单

调、均质的光线使得想象无法发挥，单调与同一也使得场所体验无法存
在。肖像是观看的，座钟的声音是听闻的，壁炉中的炉火，涌泉中的泉
水，石阶上的青石却传达了一种接触和抚摸的感觉。在这里，人们一生聚
集的经验和记忆与永恒的外部世界结合起来。住宅中的石与木自身在这些
值得记忆的中心场所中显现出来，从而成为身体的记忆。❶

　　著名建筑师的许多传世经典之作都具有强烈的触觉感受。密斯的建筑
所表现出的材料质感就是典型，他的建筑与柯布西耶不同，如果将柯氏的
建筑比喻为艺术家使用色彩画的草图，那么密斯的建筑则是将最终的细部
都推敲出来的典型。密斯的建筑使用最好的材料——厚板玻璃、不锈钢、
抛光大理石、贵重的布料和高级皮革。这大概与密斯是砖石匠的儿子、强
调极端的精确性、重视硬度和表面的处理有关，他的建筑冰冷而干净、利
索。19至20世纪之交的旧金山湾区建筑师梅贝克（Bernard Maybeck）在
旧金山湾区建造了一些融入该地郁郁葱葱的自然环境中的建筑（图38）。
与此同时，被称为美国工艺美术运动中坚的著名加州建筑师格林兄弟
（Charles and Henry Greene）设计的住宅精妙地使用粗壮厚重的木料作为
建筑的营建结构和构造部件，在外部使用不规则排列的砖墙，这些做法都
强烈地显现了建筑材料的肌理和质感（图39~图42）。格林兄弟的建筑
外部具有那种沧桑斑驳的感觉，室内则采用传统日本建筑的那种精致和典
雅的木结构。他们设计的住宅的木结构和构造清楚地暴露了结合处的木榫
卯，使得原木施工构造的结构得以清楚地暴露（图43~图44）。他们设
计的建筑如同精致的家具，使人目不转睛，不忍释手。阿尔托设计的MIT
贝克学生公寓是体现砖造建筑肌理和质感的杰作，阿尔托对砖和砖墙的使
用与格林兄弟有着异曲同工之妙。柯布西耶在马塞公寓中对混凝土和施工
浇筑方式的使用淋漓尽致地体现了混凝土的肌理和质感。实际上，颜色与
材料，色彩与质感，材料与质感都是有机地联系起来的。拉斯姆森在《体
验建筑》中认为材料和颜色是联系在一起的，人们无法独立地体验颜色，
而是将其作为某种材料的若干特征之一来体验。❷

　　霍尔认为，建筑触觉的营造和产生需要对建筑材料的物理和化学性质
（Chemistry of Matter）有所研究和把握，这在他的《视差》一书中阐述

❶ Kent C Bloomer, Charles
W. Moore. Body, Memory, and
Architecture. New Haven and
London: Yale University press,
1977: 50.

❷ Steen Eiler Rasmussen. Experi-
encing Architecture. Cambridge:
MIT Press, 1957: 216.

图38　木的触觉体验（梅贝克
的基督教科学会第一教堂细部）
（左）

图39　砖、木和金属的触觉体验
（右）

图40、图41　砖、木和金属的
触觉体验（左、右）

图42　砖、木和金属的触觉体验
（左）

图43　格林兄弟设计的室内木构
件与家具细部（中）

图44　格林兄弟设计的室内木构
件与家具细部（右）

❶ Steven Holl. Parallax. New
York: Princeton Architectural
Press, 2000: 12.

❷ Philip Jodido. Alvaro Siza.
Taschen, 2003: 18.

❸ Liane Lefaivre, Alexander
Tzonis. Critical Regionalism.
New York: Prestel, 2003.
参见：沈克宁.批判性的地域主
义.建筑师，2003（4）.

得十分明确。霍尔认为，建筑的材料对人们的视觉和触觉感知起到关键作用。建筑的材料性通过结构和材料之视觉和触觉空间体验来传达，光影、色彩、轻重等也都对视觉和触觉体验起到关键作用。建筑中的材料体验不仅仅是视觉的，而且是触觉、气氛和嗅觉的，所有这些与空间和身体的运动痕迹交织在一起。没有任何领域比触觉领域更能直接地与多层次的现象和感觉体验相沟通。霍尔认为，当细部的材料性形成一种交织空间而成为显明的时候，触觉领域就敞开了。这时，感觉的体验强化了心理的尺度❶。

材料、肌理和质感对人们有关建筑知觉的作用是不容置疑的，这在当现代名建筑师的设计中得到了体现，现代建筑运动中的柯布西耶、赖特、密斯、阿尔托等都是典型。传统建筑材料为知觉提供的是许多现代建筑材料所无法提供的。传统建筑材料产生和表达出的是一种温暖、亲切、宁静、安详、固定、停滞和恒久的感受，触及的是记忆深处的体验（图45～图50）。静止的空间和停滞的时间恰当地形容了这种体验和时空现象，葡萄牙建筑师西扎（Alvaro Siza）在谈论其设计使用地方建筑材料的原因时认为："在葡萄牙不发达地区，以当地的经济局限和条件，为起到慰藉作用，你必须使用传统基本要素"。❷使用传统建筑材料的建筑师对地域和场所赋予和具有的所有内容给予最强烈的关照，赖特、阿尔托、巴拉干、西扎、格林兄弟和被称之为持"批判性的地域主义"❸思想的建筑师都是典型。另一类建筑师面对现代建筑材料、现代科学技术、现代空间观和现代社会所提出的挑战，试图通过设计为人们获得新颖的知觉提供场所、条件和可能性。霍尔后期的建筑设计似乎就是在为人们提供这样的场所和创造出这样的机会。为达到这样的目的，建筑师有必要了解材料的性质，这不仅包括传统建筑材料，而且包括新材料的化学性质以及新工艺、方法和处理方式对材料所造成的影响。对建筑师来说，重要的是要了解这些新材料和新工艺对人们的感知和知觉系统所造成的感受，进而恰当地使用它们。

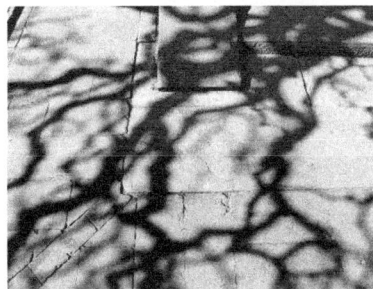

图45~图50 建筑的整体知觉有赖于材料和触觉领域细节的表达和体现：砖、木、石之对比（北京北海小西天琉璃牌坊、钟楼、颐和园和其他）（从左上依次）

　　建筑的整体知觉有赖于材料和触觉领域细节的表达和体现（图51~图53）。现象学是一种将本质注入体验的学科，因此，在建筑上讨论对建筑体验十分重要的内容就十分必要。建筑在材料和细部上对形成人们日常的体验能力是既微妙又有力。认识材料的特质和化学性质，并将这种认识注入设计，使之融于对建筑知觉和体验的打造过程就成为建筑现象学所重视的领域。霍尔认为下面几种材料的特性和其新处理方式对体验的营造具有启发性❶：

❶ Steven Holl. Parallax. New York: Princeton Architectural Press, 2000.

图51～图53　细部的触觉体验：
金、木、石的质感（北海华藏恒
春殿局部）（左、中、右）

玻璃：在其变形的状态中具有反射性质。铸模玻璃具有那种神秘的半透明性质，将光线保持在其内部，同时投射出散漫的微光。将玻璃塑造成弯曲状可产生特殊的反光。磨砂或砂模玻璃具有荧光的感觉。硅珠喷射和酸蚀刻玻璃所具有的留光和透射出朦胧光线的特征都可以产生不同的体验，尤其是打磨、喷砂和蚀刻玻璃体现出的那种材料的深度，具有令人沉思的性质。

金属：同样可以采用喷砂、扭曲和电镀等手法进行处理产生变化，从而产生丰富的表面肌理和色彩。时间和气候在金属上最易留下痕迹，产生一种经年久远，有时又是锈蚀和风化的效果，给人以时间和历史感，这种材料携带着时间和历史的信息。

水：所具有的反射、透射、折射、涟漪等光学性质和其特殊的声学效果，使它成为"现象镜"。

总之，触觉将各种知觉系统结合起来而对物体达到一种整体和综合的感知。触觉起着融合和连接的作用，对触觉的重视是建筑现象学为我们提出的解决建筑设计中那种冰冷、异化、无肌理感、没有感觉等问题的关键。在那些能够为人们提供直接接触的部位和区域，要重视肌理、质感等影响触觉的设计。在这些地方，要特别重视材料选择，细部处理，施工工艺和局部构造逻辑上的合理性。而在那些只能够提供视觉感知的部位，对经验和记忆中的肌理和质感，尤其是与色彩心理建立起来的联系进行认真仔细的研究，就可能在设计上起到关键性的作用。

6. 作为身体本能的营建

身体不仅仅是物质实体，它被记忆和梦想、过去和未来所丰富。眼睛是一种距离和分离的器官，而触摸则是接近、亲密和喜爱的感觉。
　　　　　　　　　　　　　　　　　——帕拉斯玛（The Eyes of the Skin）

建筑现象学讨论建筑时将身体作为起点和终点。西方先哲对于身体的态度和观点是不同的，对于柏拉图来说，身体保持了理智或习惯，笛卡尔将身体作为客体和对象，而现象学和存在主义则将身体作为现象学的主体。●对于持建筑现象学观点的人们来说，空间是一个抽象的概念，而"我的空间"则是具体的。我的空间首先由"我的身体"决定，其次是由我的身体的对立面，也就是与身体互动的对象来决定。由此，空间实际上是体验的空间，是通过体验而获得的，也就是说空间由身体所呈现。

梅洛-庞蒂特别强调身体在感知活动中所起的决定作用，对他来说，身体将主观与客观结合在一起。他认为人们身体的轮廓是一般空间关系不能逾越的界限。这是因为身体的各个部分以一种独特的方式相互联系在一起：它们不是某部分展现在另一部分的旁边，而是某些部分包含在另一些部分之中●，人们在一种共有中拥有人们的整个身体。他引入"身体图式"这个概念，认为人们最初把"身体图式"理解为身体体验的概括，身体图式能把一种解释和一种意义给予当前的内感受性和本体感受性。他认为身体图式是在童年时期随触觉、运动觉的关节觉内容相互联合，渐渐与视觉内容互动，从而能够越来越容易地唤起视觉内容，由此逐渐形成的。●由于感觉间的统一性或身体的感知运动的统一性是理所当然的，梅洛-庞蒂引入"身体图式"这个词的目的就是为了表明时间和空间的统一性，表明这种统一性并不局限于体验过程中实际地和偶然地联合在一起的内容，也是为了表明这种统一性以某种方式先于内容并使内容的联合成为可能。●对他来说，身体图式不再是在体验过程中建立联合的单纯结果，而是从感觉世界中对自己身体姿态的整体觉悟。身体的空间性不是如同外部物体的空间性或"空间感觉"的空间性那样的一种位置的空间性，而是一种处境的空间性。他说："如果我站在我的写字台前，用双手依靠在写字台上，那么只有我的双手在用力，我的整个身体如同彗星尾巴拖在我的双手后面。这不是因为我不知道我的肩膀或腰部的位置，而是因为它们的位置包含在我的双手的位置中。""词语'这里'如果用于我的身体，则不表示相对于其他位置，或相对于外部坐标而确定的位置，而是表示初始坐标的位置，主动的身体在一个物体中的定位，身体面对其任务的处境。身体空间有别于外部空间，它能包住它的各个部分，而不是展现它的各个部分，因为身体空间是景象的明晰所必需的室内黑暗，动作及其目的在上面清楚显现的昏暗背景或不确定能力的保留，明确的存在、图形和点能在它前面显现的非存在区域。"●总之，对梅洛-庞蒂来说，"身体图式"是一种表示身体在世界上存在的方式。下面的引文来自他的《知觉现象学》，在这几段文字中他明确地阐述了身体就是空间的概念：

"就现在仅与我们有关的空间性而言，身体本身是图形和背景结构中的一个始终不言而喻的第三项，任何图形都是在外部空间和身体空间的双重界域上显现的……当我说一个物体在一张桌子上时，我始终在思想上置身于这张桌子或置身于这样的物体，我把原则上适用于我的身体和外部物体的关系的一种范畴用于这张桌子和这样的物体。如果缺少这种人类学

● Henri Lefebvre. the Production of Space. Trans. Donald Nicholson-Smith. Oxford: Blackwell, 1991: 194.

● 莫里斯·梅洛-庞蒂.知觉现象学.姜志辉译.北京：商务印书馆，2005：114.

● 同上：136.

● 同上：137.

● 同上：138.

含义，那么词语'在……上''就不再与词语''在……下'和'在……旁边'有什么区分。即使一般空间形式是使我们的身体空间得以存在的必要条件，它也不是使我们的身体空间得以存在的充分条件。即使形式不是内容所处的环境，而是内容所处的方式，形式也不是与身体空间有关的这种位置的充分条件。在这种情况下，与形式相比，身体内容是某种含糊的、偶然的和不可理解的东西。在这方面的惟一解决办法也许是承认身体空间性没有本身的、区别于客观空间性的意义，但由此将取消作为现象的内容，因而也将取消内容与形式关系的问题。但是，我们能假装在词语'在……上'、'在……下'、'在……旁边'中和在方位确定的空间维度中，找不到清楚的意义吗？尽管分析能在所有这些关系中重新发现一般的外在性关系，但对在空间里的人来说，上和下、左和右的明证不容许我们把所有这些区别当作无意义，而是要求我们在这些定义的明确意义下面找到体验的潜在意义。"

"于是，两种空间的关系可能是这样的：一旦我想主题化我的身体空间，或想详细说明身体空间的意义，那么我在身体空间中只能发现纯概念性空间。同时，这种纯概念性空间并非得自方位确定的空间，它只不过是对方位确定的空间的解释，如果脱离了这个根基，纯概念性空间就完全没有意义。所以，均质的空间能表达方位确定的空间意义，只是因为它已经从方位确定的空间中获得了意义。内容之所以能真正地被归入形式和显现为这种形式的内容，是因为形式只有通过内容才能被理解。只有当身体在其特殊性中包含了能使身体空间转变为一般空间的辩证因素，身体空间才能真正成为客观空间的一部分……众多的点或'这里'原则上只有通过诸体验的交织才能被构成，在体验的交织中，每次只有一个体验成为对象，而且本身就在这个空间的中心形成。总之，我的身体在我看来不但不只是空间的一部分，而且如果我没有身体的话，在我看来也就没有空间。"

"如果身体空间和外部空间构成了一个实际系统，并且身体空间是作为我们的活动目的的对象能清楚地显现其上的背景，或能出现在其面前的空间，那么身体的空间性显然是在活动中实现的，对运动本身的分析应能使我们更好地理解身体的空间性。当考察处于运动状态的身体时，我们能清楚地了解到身体是如何寓于空间（和时间）中的，因为运动不限于被动地接受空间和时间，它还主动地接受空间和时间，在其最初的意义中再现空间和时间，虽然其最初的意义已经消失在已经获得的平凡处境中。" ❶

❶ 莫里斯·梅洛-庞蒂.知觉现象学.姜志辉译.北京：商务印书馆，2005：139-141.

梅洛-庞蒂认为迪卡尔主义和康德主义把空间的规定性当作物体的本质，用空间的知觉来解释物体的知觉，但是身体本身的体验则教导我们把空间扎根于存在中。理智主义清楚地看到，"物体的原因"和"空间的原因"是相互交织在一起的，但却把前者归结为后者。梅洛-庞蒂强调："体验揭示了在身体最终所处的客观空间里的一种原始空间性，而客观空间只不过是原始空间性的外壳，原始空间性融合于身体的存在本身。成为身体，就是维系于某个世界，我们已经看到，我们的身体首先不在空间里：它属于空间。"❶ "身体的空间性是身体的存在的展开，身体作为身体实现的方式。"❷他认为我们身体的各个部分的联结，我们的视觉体验和我们的触觉体验的联结不是通过积累逐渐实现的。人们不用"视觉语言"来表达"触觉材料"，或者相反，人们不是逐个地把自己身体的各个部分连接在一起的，这种表达和连接在身上是一次完成的，它们就是身体本身。因此，是否可以说人们根据自己身体的构成规律来感知自己的身体，就像人们根据立方体的几何结构预先认识一个立方体的所有透视一样？但是，人们并不是在自己身体的前面，所以，梅洛·庞蒂说："我在我的身体中，更确切地说，我是我的身体。因此，我的身体的变化及其变化中的不变者不能明确地被确定。我们不仅仅思考我们的身体的各个部分的关系，视觉的身体和触觉的身体的相关：我们自己就是把这些胳膊和腿联系在一起的人，能看到和触摸它们的人……如果人们还能在对身体本身的知觉中讨论一种解释，那么可以说他是自己解释自己，从此，'视觉材料'只有通过触觉意义才能显现，每一个局部运动只有在整体位置的背景中才能显现……是我的手的动作的某种方式，包括我的手指的动作的某种方式以及构成我的身体的某种姿势的某种方式，把我的手的各种'触感觉'联系在一起，并把它们和同一只手的视知觉和身体的其他部位的知觉联系在一起"。❸

　　他还认为一部小说，一首诗，一幅绘画，一支乐曲，都是个体，人们不能区分其中表达和被表达的东西，其意义只有通过一种直接联系才能被理解，才能在向四周传播其意义时不离开其时间和空间位置的存在。就是在这个意义上，我们的身体才能与艺术作品作比较。我们的身体是活生生的意义的纽结。❹运动习惯阐明了身体空间的特殊性质。同样，一般的习惯也指出了身体本身的一般综合。正如身体空间性的分析先于身体本身统一性的分析，我们同样也能把我们关于运动习惯的论述推广到所有的习惯。事实上，任何一种习惯既是运动的，也是知觉的。因此，手杖不再是盲人能感知到的一个物体，而是盲人用它来进行感知的工具。手杖成了身体的一个附件，身体综合的一种延伸。相应地，外部物体不是一系列透视的几何图或不变者，而是手杖把我们引向的一个物体，按照知觉的明证，透视不是物体的迹象，而是物体的外观。❺梅洛-庞蒂的阐述说明身体的各个部分都是感知的工具，也都是空间的一部分，犹如盲人探路的手杖。这个论述完成了主体和客体的统一，解决了传统上主体和客体对立的关系问题。于是身体与空间就不再是对立的，而是身体属于空间，身体就是空间。这种看待身体与空间的态度应该说对建筑设计有很大的启发。现代主义以来的建筑设计仅仅强调空间和形式设计，而现象学的设计思想则强调

❶ 莫里斯·梅洛-庞蒂.知觉现象学.姜志辉译.北京：商务印书馆，2005：196.

❷ 同上：197.

❸ 同上：198-199.

❹ 同上：200.

❺ 同上：201.

❶ 莫里斯·梅洛-庞蒂.知觉现象学.姜志辉译.北京：商务印书馆，2005：177-178.

❷ Henri Lefebvre. the Production of Space. Trans. Donald Nicholson-Smith. Oxford: Blackwell, 1991: 170.

❸ Henri Lefebvre.the Production of Space. Trans: Donald Nicholson-Smith. Oxford: Blackwell, 1991: 170-171.

❹ Edward T. Hall. The Hidden Dimension. New York: Anchor Books, 1969: 51.

❺ Steen Eiler Rasmussen. Experiencing Architecture. Cambridge: MIT Press, 1957: 59.

对空间、形式和材料的考量要充分结合身体和感知系统的体验来进行综合设计。他在《知觉的首要性》中认为，身体是灵魂的居所，灵魂以自己的身体作为参照进行思考，而不是以灵魂自身、空间和外部距离为参照。对灵魂来说，身体是出生的空间，也是其他所有空间的发源地。外部世界就在手的尽端，因此身体不是视觉和触觉的手段，而是它们的仓库。❶

　　身体首先是通过占据空间而体验空间的。那么，身体是如何"占据"空间的呢？列斐伏尔在《空间的生产》一书中认为："'占据'这个隐喻式的词汇是从已经明确和定义了的日常空间体验中借来的。然而，'占据'了的空间和'闲置'的空间之间的联系并不是简单和明显的。我们知道空间并不是一个被赋予了形式特性的虚空。批评或否定绝对空间不过是拒绝一种特定的表现，那种等待装进内容，例如物体或身体的容器。按照这种有关事物的图景，内容与容器相互之间的关系是中性的，通常没有可理解的区别。任何事物都能放进容器的任何位置，容器的任何部分都可以接受任何东西。这种中性的性质变成一种分离的因素，因为内容与容器并不以任何方式依赖和接触对方"。❷他还肯定地回答了"可以说身体与其行动的能力和不同的能量创造了空间吗"这样的问题。但是，他的回答并不是说知觉制造了空间的意义，而是身体在空间中展开与占据空间之间有一种直接的关系。每个活生生的身体自身就是空间，而且具有空间。这就是说，身体在空间中产生了自身，同时也生产或制造了空间。❸

　　在《隐藏的尺度》一书的"空间知觉：直接的受体——肌肤"一节中，爱德华·霍尔认为美国建筑师赖特的成功之处在于他认识到了人们用不同的方法来体验空间。在东京帝国饭店中，赖特不断通过视觉、人体动态和触觉的建筑和空间要素来提醒西方游客，他们正身处于一个完全不同的世界中。赖特通过使人们可以触摸该建筑长过道边上的砖墙而保持了建筑的恰当尺度。作为杰出地使用材料、质地和肌理的建筑师，他在走廊的墙上使用最为粗糙的砖，但却使用平滑、细腻和富有装饰性的灰浆，退后砖表面1~2厘米设置。经过该过道的旅客感到了那种情不自禁地要将手指伸入砖缝，沿砖缝触摸的冲动。通过这个细部的触觉设计，赖特在人们与建筑表面之间建立起了一种更个人化和亲近的关系而加强了空间的体验。霍尔认为，日本园林不仅有视觉设计，而且那种比其他建筑更多的肌肉和运动感觉也被融造进徜徉在园林的体验中。❹拉斯姆森说，如果一个建筑师希望其建筑能够造成一种真实的体验和感受，他就必须设计出那种能够留住观者并使其主动地去观察的形式。❺因此，体验和感受建筑需要观者的积极参与，这种参与的获得需要建筑和环境的配合，去激发观者的参与。这样，建筑和环境的那些能够激发人们参与兴趣的方方面面就成为建筑师们所应该关注的问题。无疑，那些能够激发起所有感觉器官的注意和兴趣，同时为人们创造良好体验和经验的环境和建筑，便是成功的。

帕拉斯玛特别强调建筑中活动的作用。他说初民利用身体作为营建的衡量尺度和比例系统。传统的本质是将身体的智慧存储于记忆中。传统社会的营造者将身体作为塑造建筑的依据，其原理与飞鸟筑巢无异。在传统社会中，鱼人、农人以及石匠、木工、泥瓦匠的基本知识和智慧是通过对体现在职业传统上的事物的模仿而获得的。这种专业传统存储于肌肉的触觉中。身体的反应是建筑体验和经验不可分割的部分（图54、图55）。一种真实的建筑体验不仅仅是一系列的视觉形象，而且是遭遇的、接触的、接近的、面对的、与身体相关的。开门时身体的重量与门的重量相遇，上下楼梯时腿在衡量着台阶等都是其证明。在人们所占据的视点（地点），物体以一种"变形"了的方式给予人们并不是偶然的，这就是"真实"的代价。知觉的综合必须通过主体来完成，这个主体可以在物体中划出一定的透视领域，同时也超越这些透视领域。拉斯姆森认为，在人生的初始阶段，大部分儿童都有建造某种遮蔽物的愿望和倾向。这种遮蔽物也许是土坡上挖出的土洞，也许是用木条、树枝搭成的延伸茅屋，或仅是树丛中的一个隐蔽场所，或是在两张椅子上搭上一块毯子。儿童的游戏一直发展到成人阶段，创造遮蔽物和住所的手段自然也越来越复杂和完善。这就形成了人类营建的基本知识和智慧。这种为人类环境带来秩序和关系的活动就是建筑师的任务[1]。毫无疑问，传统文化中，营造的建筑在本质上与身体的智慧紧密地联系在一起，而不是以视觉和理智为主导。传统文化中的营建由身体支配和引导，这种方式就如同鸟儿筑巢时身体的运动一样。土著文化中使用泥或陶土营建的建筑明显地主要使用身体、肢体和肌肉来构筑，而不仅仅使用视觉来构筑。在当代土著文化中，当土著人试图用视觉来代替传统的依靠身体塑造建筑的方式时，这些建筑就明显地失去了原初的那种塑性、亲切性和私密性，同时也失去了那种与土著和地方文化环境的彻底融合。[2]

梅洛-庞蒂特别强调身体在感知中的重要性，他说："我的身体是表达现象的场所，更确切地说，是表达现象的现实性本身，例如在我的身体中，视觉体验和听觉体验是相互蕴涵的……我的身体是所有物体的共同结构，至少对被感知的世界而言，我的身体是我的'理解力'的一般工具。身体不仅把一种意义给予自然物体，而且也给予文化物体，比如说词

[1] Steen Eiler Rasmussen. Experiencing Architecture. Cambridge: MIT Press, 1957: 34.

[2] Juhani Pallasmaa. the Eyes of the Skin. Architecture and the Senses. Wiley-Academy, 2005: 7.

图54　金属的触觉体验：梅贝克的基督科学会第一教堂室内灯具（左）

图55　木雕（木工）：肌肉与骨骼的运动（右）

❶ 莫里斯·梅洛-庞蒂. 知觉现象学. 姜志辉译. 北京: 商务印书馆, 2005: 301.

❷ 同上: 302.

❸ Edward T. Hall. The Hidden Dimension. New York: Anchor Books, 1969: 84.

❹ Ricardo L. Castro. Sounding the Path: Dwelling and Dreaming// Alberto Perez-Gomez and Stephen Parcel. Chora 3: Intervals in the Philosophy of Architecture. Montreal: McGill-Queen's University Press, 1999: 26.

❺ Maurice Merleau-Ponty. Phenomenology of Perception. New York: Routledge, 2005: 60-62.

语"。❶他认为身体不仅仅是所有物体中的一个物体，所有感觉性质复合体中的一元，人的身体也是能够感受其他物体的一个物体，它因各种声音而共鸣，因各种颜色而振动。人们不把词语的意义，也不把被感知物体的意义归结为"身体感觉"的总和。但是，我们说因为身体有"行为"，所以身体是这种奇特的物体，它把自己的各个部分当作世界的一般象征来使用，我们就是以这种方式来"经常接触"这个世界，"理解"这个世界，发现这个世界的意义。❷

对聚落营建和部落社会的研究表明，初民以其身体作为建造的尺度和比例分配系统。传统文化中，人们谋生的基本技能基于储存在触觉记忆中的身体智慧。远古猎人、渔人、农人以及砖石匠和泥瓦匠的基本知识和技艺就是模仿相关行业的具体传统，这种行业传统是储存在触觉和肌肉知觉中的。技能是通过结合被传统提炼了的一系列运动来达成的，而不是通过文字和理论来获得的。爱德华·霍尔曾为为什么古希腊雕塑要比古希腊绘画发展成熟早上数千年的问题而困扰。希腊雅典卫城中的雕塑显示，早在公元前5世纪，雅典人已经充分掌握了用青铜和大理石来表现运动中活灵活现的人物的方法。他对该问题的回答是：雕塑主要是触觉和体态动力和运动的艺术，信息是通过从身体的一个肌肉和关节传送到另一个身体的肌肉和关节而达到的。❸这样，雕塑与运动活动具有相似性，都是肌肉的直接活动，绘画则不同。空间知觉和感受与运动的身体不可分离，人们的生活是以在空间中不停运动的方式而呈现和存在的。运动性对人们的存在条件具有重要的影响。这种运动活动在艺术创造领域，例如舞蹈、戏剧、文学和建筑中是一种需要诗意的日常活动。❹

身体不仅能够"知道"并且能够"记住"，建筑的意义是从由身体和感觉记忆下来的原始反应衍化而来的。建筑必须对由基因遗传下来的原始和原初的行为特征进行反映。建筑不仅要对理性的功能和意识以及今日城市居住者的社会需求进行反映，建筑还要记住隐藏和潜在于身体内的那种原始猎人和农人的本性。因此，人们有关舒适、保护感和家的感觉是根植于无数代人的原始经验中的。加斯东·巴什拉称这种形象为"从我们内部调遣出来的原始性"或"本初形象"❺。因此，建筑不能仅仅成为纯粹功能的工具。建筑在与任务和纲领、功能和舒适相联系时，必须保持一种明显的距离感、抵抗感和张力感。一件建筑作品，在其工具和实用性方面以及其设计理性和理念的动力方面不应该是明显和透明的。它必须保持那种不可穿透的秘密和神话以便激发人们的想象力和情感。

意象主义者将注意力集中在人们发展的早期阶段，注意到了记忆在空间知觉中所起的能动性和韧性作用。他们的研究表明，婴儿并没有明确界定了的身体界限或体域，同样的研究还表明，婴儿体验到的是一种身体和环境融合的世界。虽然触觉感知的景观和身体内部的空间被20世纪主流图

像和地理领域的模式所忽略，但是这些景观构成了一个广阔和复杂的内在
感情的心理领域，在该领域内理解环境要比我们通常在意识思维中了解的
环境更有影响力。人类如何发展出身体意象的研究为我们提供了如何获得
建筑形式感觉的线索，尤其是有关中心场所的感觉。本质上，身体形象是
从早期的触觉和定向体验中得来的，视觉形象则是较为后来获得的，而且
其意义依赖于从触觉体验中得来的基本体验。因此，包括整个身体的触觉
体验赋予视觉体验以根本意义，而视觉体验起到将这些意义传达回身体的
作用❶。由身体发展出来的"感觉"空间与由数学和几何测量描述的"客
观"空间不同之处的核心在于客观空间不需要中心场所的存在。与此相
反，身体的空间性所涉及的不仅是一个与外部世界有区别的内在世界，而
且它还以"景观"和一生中在心理境域之外所遭遇的身体记忆为中心。爱
德华·霍尔指出，由于从长距离接收器（眼、耳、鼻）所获得的信息在人
们的日常生活中起着如此重要的作用，导致很少有人注意到皮肤也是一个
重要的感觉器官……皮肤的某些更为敏感的知觉（传输和交流）能力和特
质通常为人们所忘记。这些特质也与人们的空间知觉有着联系。当活动肌
肉时，作为人体感受器的神经提醒人们所发生的事情。它提供回馈从而使
得人能够平衡地运动其身体。这些神经在人体动力和运动的空间知觉中占
据着十分重要的位置。另外一类称为外部接收器的神经位在皮肤上，它将
冷热、触摸和疼痛的感觉传达到中枢神经。❷

　　在建筑历史中，由于过于强调视觉为主要的感觉活动，导致人们的
注意力远离自己的身体，这不仅造成了建筑体验上的不平衡，而且导致了
某种程度的限制性和排他性。查尔斯·穆尔批评现代主义建筑只重视视觉
的倾向，他说："强调外向性的感觉，实际上就是鼓励那种认为外在世界
大于内在世界的观念。虽然这种观念在量上是正确的，但在质上却是不正
确的，尤其是当我们考虑到所有的感觉活动都伴随着身体的反应时就更是
如此。"❸忽视身体的内在价值使得人们无法做出能够记住自己特征和个
性的反应，无法记住童年时期玩过家家和探索室外时所具有的反应。因
此，建筑不应该是自身的终结，它还起构织、限定、表现和赋予意义的作
用，还有联系、分割、沟通和禁止的作用。真实的建筑体验就是在接近、
接触、与建筑互动等活动中产生的，建筑体验的真实性是基于建筑的构造
语言以及营建构造活动得以被知觉感受而理解的。人们用整个身体的存在
去感受、接触、聆听和衡量世界，"体验世界"是围绕着身体来组织和
构造的，住所是人们身体记忆和特征的避难所。人们不断地与环境对话
和互动，因此人们无法将自己的形象与空间和"情景存在"（Situational
Existence）相分离。我们说，与任何艺术品接触都暗示着一种与身体的
互动，面对一件作品犹如面对一个人。同样，建筑师也拟人化地将建筑转
化为自己身体的一部分：运动、平衡、距离和尺度都通过身体肌肉系统的

❶ Kent C Bloomer, Charles W. Moore Body, Memory, and Architecture. New Haven and London: Yale University press, 1977: 44.

❷ 同上：54-55.

❸ Kent C Bloomer, Charles W. Moore. Body, Memory, and Architecture. New Haven and London: Yale University press, 1977: 49.

张力和骨骼以及内脏器官的位置而潜意识地被感受到。当作品与观者和使用者互相作用时，对作品的体验可辐射出设计者的身体感觉。梅洛-庞蒂在《目与心》中谈到，瓦雷里曾说画家使用整个身体绘画，他本人也深有同感，因为不能想象心或头脑能够绘画，只有将自己的身体提供给世界，艺术家才能将世界转变为绘画。要了解这个转变，就需要回到身体，当然并不是指占据一定体积空间或集合功能意义上的身体，而是指视觉与运动交织在一起的身体。[1]原则上，所有我所见到的都在我所能及的范围内，至少是在我视力所及的距离内，并且在"我能"的"地图"上被注明。可见的世界和我的运动投射的世界都是同样的存在。胡塞尔从感知和身体的关系中探讨了这方面的问题。他认为首先是因为我在感知用身体来进行运动。这时，我意识到了我的身体——身体是某种处在"这里"的东西；在我的身体中我始终存在于"这里"。无论我到哪里，这个身体的"这里"可以说是一直随着我流浪，并且因此构成了我始终无法放弃的我的空间定位的绝对关系点。[2]

　　弗兰姆普敦认为，身体感知环境的能力可使人想起18世纪意大利哲学家詹巴蒂斯塔·维柯（Giambattista Vico）在他的《新科学》中论述的有关身体想象力（Corporeal Imagination）的概念[3]。为了抵制笛卡尔的理性主义，维柯提出语言、神话和习俗是人类在历史中通过自我实现（从最开始对大自然的原始体验到一代代漫长的文化发展）而产生的隐喻式的遗产。维柯有关人类在历史中不断制定和再制定规则和条例的概念不仅是隐喻和神话性的，而且是身体和体质性的，也就是说，身体通过其对现实的触觉和身体接触来构造世界。这一点通过形式对人们存在的心理和生理的影响，又通过接触与形式互动以及在建筑空间中感知行走路线的倾向来证明。

　　将身体和心智相分离的做法导致当代建筑理论较少讨论具体体验（感觉和知觉）。由于建筑理论过度强调意味、含义和引证参考导致将意义作为一种彻底的概念来构造。体验则被简化为一种符号和密码信息的视觉注解。如果建筑理论有幸论及身体，身体也被简化为条理化的由根据行为和体适学为基础的设计方法来处理的对象，身体和体验并没有加入建筑意义的构造和实现的活动。安藤忠雄在80年代曾强调要在空间中真实地生活来实现自己。他认为，人类通过自己的身体来形成和表现世界。人不是一种精神和肉体分离的二元存在，而是一种在世界中活动的活生生的肉体存在。由于人体上下前后左右的不对称性，很自然地形成了非均质空间的世界。因此，呈现在人类感官中的世界和人的身体状态便相互依赖，而且由身体形成和表现的世界是一种活生生的生活空间。当然，早在安藤忠雄提出上述观点的二十多年前，梅洛·庞蒂在《知觉现象学》中就已经指出不应该说身体在空间或时间中，而是身体生活了空间和时间。更全面地说，应该是身体形成和塑造世界，同时身体也被这个世界所塑造。因此，

[1] Maurice Merleau-Ponty. the Primacy of Perception, ed. James M. Edie. Evanston: 2 Northwestern University Press, 1964: 163.

[2] 胡塞尔著，黑尔德编. 生活世界现象学. 倪梁康，张廷国译. 上海：上海文艺出版社，2005: 29.

[3] Kenneth Frampton. Studies in Tectonic Culture: The Poetics of Construction in Nineteenth and Twentieth Century Architecture. Cambridge, Mass.: MIT Press, 1995: 10.

我们自己成为了建筑与环境，同时建筑与环境也变成了我们。我们身体的一部分陷在建筑中，建筑的一部分则嵌入我们的身体。❶查尔斯·穆尔认为对三维空间性最为本质和最具有纪念意义的感觉来自身体体验，这种感觉在建筑体验中是构成空间感觉的基础。他认为记忆与身体体验有着联系，人们与前后、上下、左右、界限、边缘的关系在人们的记忆中与纯视觉和概念物质的记忆分享着同一个空间。人们身体的体验，所触摸和闻到的，人们是否较好地"择中而居"并不一定锁定在现时现刻中，而是可在时间中重新回忆到的。❷作为环境存在的一部分，记忆的重要性被现代主义建筑理论所否定，通过建筑现象学的讨论，我们认识到记忆是身体，更是体验的一种延伸，它在建筑设计和讨论中具有重要的作用。

7.嗅觉和味觉体验

嗅觉和味觉对场所的感知有其特殊的功能。但是这两种感觉，尤其是味觉在建筑和环境体验中所起的作用远不如其他几种知觉或知觉系统所起的作用。触觉、视觉和听觉在环境感知上能起到决定性作用，而气味在环境和空间创造中可以起到微妙的作用，这种作用有时甚至是奇特的、令人难忘的。

巴什拉在他的《空间诗境》一书中说："在我对另一个世纪所具有的回忆中，只有我自己能够打开那仍然对我保留着独特气味的深深的橱柜，那种在柳条筐中晒干的葡萄干气味。葡萄干的气味！那是一种无法描述的气味，一种需要许多想象去嗅闻的气味。但是我已经说得太多，如果说得更多，那么当读者回到自己的房间后，将不会打开自己的衣柜，闻不到它所具有的独特气味，这种气味正是亲密性的特征。"❸他在谈到味觉和嗅觉时认为一丁点香水味，甚至微弱的气味都可以在人的想象世界中创造一种完全不同的环境。❹

下面这段有关丁香花的文字也勾起了笔者对往事的回忆："70年代初在湖北咸宁五七干校的时候，有一次我和萧乾一道外出度假。我看见乡间的小火车站上有一棵盛开的丁香树，就跑过去嗅个不停……丁香花勾起了我对往事的温馨回忆。"❺1996年春，离开八年后第一次回到北京，当时初春时节，忙忙碌碌，转眼已是仲春，一天走在熟悉的东厂胡同，隔墙飘来阵阵丁香花的香气，这种香气一下子将我带回童年时光……隔墙的假山池水和亭台楼阁又重新出现在眼前。❻

帕拉斯玛认为对空间的最强记忆是对空间气味的记忆。一种特殊的气味可以使人们重新进入一个已经彻底从视觉记忆中抹去了的空间，例如糖果店的气味使人回忆起无忧无虑、充满好奇的童年时代。嗅觉可以唤醒一

❶ Michel Moussette. Gordon Matta-Clark's Circling the Circle of the Caribbean Orange// Alberto Perez-Gomez, Stephen Parcell. Chora Four: Intervals in the Philosophy of Architecture. Montreal: McGill-Queen's University Press, 2004: 199.

❷ Kent C Bloomer, Charles W. Moore. Body, Memory, and Architecture. New Haven and London: Yale University press, 1977: 10.

❸ Gaston Bachelard, The Poetics of Space. trans. Maria Jolas Boston, Beacon Press, 1969: 14.

❹ 同上：174.

❺ 文洁若.生机无限.北京：北京十月文艺出版社，2003：6.

❻ 东厂胡同一号：清两广总督瑞麟在此兴建"潜园"。后为直隶总督荣禄私人府邸，改"余园"。民国初年，为北洋政府总统黎元洪府邸。后来，胡适寓居于此。1949年后为中国科学院考古研究所和近代史研究所及科学图书馆地。1990年后，花园、假山、池水小桥、亭台楼阁以及其中无数风格别致、规模不等的四合院已基本无存。

个被遗忘了的景象，能够引起视觉的回忆。

视觉也可以转化为味觉，特定的色彩以及精致的细部有时能够唤起人们的口感。打磨、抛光的精致的石头表面在潜意识中是由舌头品尝的。帕拉斯玛谈到，多年前他在加利福尼亚滨海风景小镇卡梅尔（Carmel）参观格林兄弟设计的詹姆士住宅（James Residence）时，被格林兄弟设计的大理石门槛所吸引，该住宅所引起的口感变化，使得帕拉斯玛感到必须双膝跪下去抚摸它们。❶他认为卡洛·斯卡帕（Carlo Scarpa）的建筑呈现出了同样的味觉经验。

❶ Juhani Pallasmaa. An Architecture of the Seven Senses//Steven Holl, J. Pallasmass, A.Perez-Gormez. Questions of Percetion - Phenomenlogy of Architecture. Architecture and Urbanism, 1994.

8.时间与寂静

什么是时间？如果没有人问这个问题，我知道什么是时间。如果我试图向提问者进行解释，我就不知道什么是时间……我们衡量时间，但是如何衡量那种不存在的事物？过去已逝，将来未至，那么目前呢？目前还没有延续。为了比较长短音节，两者都必须已经消失。因此，并不是比较和衡量音节自身，而是两个音调在我记忆中的意象……因此，所谓衡量时间，我所衡量的是印象、意识的改变。

——圣·奥古斯汀

建筑是沉静在物体、空间和光线中营造戏剧的呈现。建筑最终是一种石化了的寂静的艺术。

——帕拉斯玛（The Eyes of the Skin）

一种深刻的建筑体验能够使得所有外在噪声停止下来，于是一切归于沉寂。这是由于建筑的体验将注意力集中在人们的真实存在上。与其他艺术一样，建筑使人们领悟到人在本质上的孤独和寂寞性质，同时，建筑将人们从目前的状况中分离出来，使人们经历到缓慢而又真实的时间和传统的流失。建筑和城市既是时间的指针，又是时间的陈列馆。建筑和城市使人们去观看，去了解正在流失的历史；它将人们与逝去的历史、时间和事件联系了起来。建筑的时间是一种保存的时间，在伟大的建筑中，时间是停止和永恒的，从而成为一种永恒的、无时间性的存在。古希腊遗址、玛雅文化遗址和埃及金字塔及神庙都呈现出了这种特征。

帕拉斯玛认为，建筑创造出的听觉经验中最重要的是那种寂静与安宁、平静和安详的感受和体验。建筑表现转化为寂静的实体与空间的营造戏剧，因此，建筑是一种石化了的寂静艺术。当人们从建筑中离去，建筑就成为耐心等待的寂静的博物馆。建筑所呈现的是在物质、空间和光影中沉默的营建戏剧。最终，当施工场地的嘈杂噪声和人们的喊声消失之后，建筑就成为石化的寂静和沉默的艺术。在古埃及神庙中，人们遇到的是法老的沉默和寂静，哥特大教堂中的沉静则使人想起格里高利唱诗班最后消失的余音❶。罗马阶梯上的回音好似刚刚从万神庙的墙上消失。古老的房子将我们带回到过去缓慢流逝的时间和寂静中。建筑的寂静是一种反应和回忆的寂静，一个强有力的建筑体验终止了所有的内在噪声，将其凝固为永久的寂静。建筑将人们的注意力集中在人们自身真实的存在上。与其他艺术一样，建筑使人们感悟到自身本质上的那种孤独和寂寞。因此，我们得以感到永恒的平静与无限的安宁具有一种强大的力量，我们将这种性质带进自己的呼吸韵律，从而能够与宇宙呼吸同步。与此同时，人们得以体验到个人化空间的亲密性，这是对人们所熟悉的空间的一种延伸。笔者至今仍然记得1986年晋东南古建调研时的经历，尤其是在高平开华寺和晋城青莲寺的感受和体验。开化寺藏于舍利山深处，三面环山，只有一条在树林中蜿蜒曲折的小径通向该寺。青莲寺位于险峻而景色奇佳的硖石山中，通向该寺的道路与开化寺有异曲同工之妙。下了长途汽车，经过山间林中的跋涉，眼前突然出现的唐宋遗物使人赞叹。但今日能够清晰回忆的体验和记忆是在渺无人烟的寂静山林小路中穿行，在山坳转弯后忽然见到的寺庙，晨光中守门人在尘封的供奉唐塑的大殿中用竹帚扫过清砖时产生的单调而又幽静的声音以及晨光中淡淡的尘埃和昏暗中隐隐的塑像使人产生的孤寂感。孤独的个人、寂静的建筑、停滞的时间和悠悠的历史浑然一体的沧桑感，寂静和孤独的建筑和场所，访者自身的心境，流逝的历史和持续绵延的时间一起呈现出了那种寂静和孤独的特征。

　　帕拉斯玛认为过去一个世纪的文化和社会以令人难以置信的加速度将时间压缩，使得所有的内容都展现在时下和当前的屏幕上。当时间失去了其所具有的持续性和它在过去的原初回音，人们便失去了其作为历史存在的意识和感觉，此时人们被"对时间的恐惧"那种感觉所威胁。"永恒"的建筑将人们从当代社会和生活中那种狭隘的拥抱现时的心态中解放出来，使人们体验到那种缓慢和具有治愈作用的时间的流逝。建筑和城市也是时间的仪器和展览馆，它们使处在其中的人们能够观看和理解所经历的历史，并加入到超越个人生命的时间循环中。建筑的时间可以是一种滞留和牵绊的时间，在伟大的建筑中，时间总是滞留和停顿的。在宏伟的埃及卡纳克神庙中，时间停滞，石化为一种静止和永恒的现在。在那巨大的立柱之间，时间和空间被永久地互相交织在一起。物体、空间和时间融合为一个完整的、不可分割的原始体验——那种永恒的存在的感觉。霍尔在《知觉的问题——建筑的现象学》中的"时间的绵延和知觉"一节中讨论了"时间的绵延"问题，也就是持续时间的问题。"绵延"的时间概念来自于法国哲学家亨利·柏格森（Henri Bergson）。柏格森认为"生活的时间"（Lived Time）才是"真实的时间"（Real Time）。法国哲学家

❶ Juhani Pallasmaa. An Architecture of the Seven Senses// Steven Holl, J. Pallasmass, A. Perez-Gormez. Questions of Percetion - Phenomenlogy of Architecture. Architecture and Urbanism, 1994: 31.

吉勒·德勒兹（Gilles Deleuze）在他的《电影2：时间—影像》和《电影1：运动—影像》中大量地讨论了柏格森的时间观念，这是因为柏格森的时间概念与电影艺术中的影像艺术密不可分。德勒兹认为，在电影的直接时间——影像中，时间并不是按照过去—目前—将来这种纯经验主义的时间顺序排列的，而是几个完全不同的时间间段，或不同层次的时间间段的同时存在（共存），而且一个单独的事件可以属于不同的层次[1]，这就是时间的"绵延"。霍尔认为现代时间概念是线性的，也许是跳跃的模式。他认为对现代生活中出现的那种临时性和破碎性以及日益增加的信息饱和程度所造成的破坏性影响、导致的压力和焦躁不安等问题，也许可以通过建筑和空间知觉中的"时间膨胀"来加以对抗。物质上体验到的"生活时间"是在记忆和心灵中衡量的，这与支离破碎的媒体信息所造成的扭曲、变形、肢解形成鲜明的对照。柏格森对时间的"绵延"概念进行了深入的研究，"绵延"是分离、融合和构成的一种"多重（样）性"。柏格森将"生活时间"看作是"真实的时间"，并称空间为"对均质时间的不纯的结合"。[2]霍尔认为，在对日常城市生活的体验中，如果建筑空间为"生活空间"提供了衡量的框架，那么，与建筑的营建一起，一个特定的场所就被赋予了材料、形式和"真实的时间"。也许在这里，衡量时间的不同方式可以找到一种统一的空间结果。[3]

帕拉斯玛强调，现代性的伟大作品永远地保持了乌托邦时代的乐观主义和希望，即使是经过几十年的努力后已经消退，它们仍然发散出强烈的春天和希望的气息。阿尔托的帕米奥疗养院所展现出来的那种对人类未来和社会责任的信仰使人心碎。柯布西耶的萨伏伊别墅使得我们相信理性、道德和美学的结合。经过俄国十月革命前后那一段激烈的悲剧般的社会和文化转变，马林科夫设计的位于莫斯科的马林科夫住宅仍然站立在那里，作为创造它的那种乌托邦精神和愿望的沉默见证。帕拉斯玛还认为对艺术作品的经验是作品和观者之间的一种私人和秘密的对话，这种谈话将其他活动屏蔽在外。[4]在所有感人的艺术体验背后都存在这种忧郁，这是对美的那种非物质化的临时性质的悲哀，因为艺术投出一种不可获得的理想，那种能在某个瞬间接触到的永恒美的理想。

与帕拉斯玛在设计理论上进行合作的霍尔则无论是在其早期对场所的"锚固"中，还是后期对知觉的重视上，都在设计中表现和传达了一种沉静和孤独的情景。随着建筑现象学研究的发展，霍尔的研究范畴从"场所"转向了对建筑和空间知觉和体验的重视。他认为对建筑的亲身感受和经验以及具体的体验和知觉是建筑设计的源泉，同时也是建筑最终所要获得的。这可以从两个层次来讲述：一是强调建筑师个人对建筑的真实知觉，通过建筑师个人独特的经历去领悟世间美好、真实的事物；二是在此基础上用建筑塑造出一种使人能够亲身体会或引导人们对世界进行感受的

[1] Gilles Deleuze.Cinema 2 The Time-Image, trans. Hugh Tomlinson and Robert Galeta.Minneapolis: University of Minnesota Press, 2003.

[2] 转见于 Steven Holl.Questions of Perception-Phenomenology of Architecrue//iSteven Holl, Juhani Pallasmass, A. Perez-Gormez. Questions of Percetion - Phenomenlogy of Architecture. Architecture and Urbanism, 1994: 74.

[3] Steven Holl. Questions of Perception-Phenomenology of Architecrue//Steven Holl, Juhani Pallasmass, A. Perez-Gormez. Questions of Percetion- Phenomenology of Architecture.Architecture and Urbanism, 1994: 74.

[4] Juhani Pallasmaa.The Eyes of the Skin, Architecture and the Senses. Wiley-Academy, 2005: 52.

空间情景。为达到真实体验的目的，人们需抛弃常规和世俗的概念，回到个人的心智，面对场所、环境和建筑，依靠人们的纯粹意识和知觉来进行自我观照，从而获得个人真实的经验和知性。只有通过静思、内省和自我观照等内在生活，人们才能穿透周围的帷幕，体会其秘密。内在的生活可以揭示对世界具有启发意义的内容，静思和内省使人们意识到自己在空间中独特的存在，这对人们知觉意识的发展至关重要。他认为建筑自身提供了有质感的石头和光滑的木柱所表现的那种有触觉的实体感——那种运动的光线变化、空间的气味和声音以及与人体有关的尺度和比例。所有这些感觉和知觉结合为一个复杂、无言的体验，建筑通过无言、静默的知觉现象来述说。

　　杰出的墨西哥建筑师巴拉干的建筑具有这种寂静的特征，他使用的建筑形式和基本要素简单而原始，净化了形式重新获得了材料那种原初的纯净和无辜的本质，这使得他设计的建筑空间呈现出一种寂静的特征。他设计的建筑室内外空间是进行感知和思考的环境，唤起了那种在大多数当代建筑中所不具有的感觉：内在体验、内省、孤独、遥远、寂寞、记忆、神话和神秘性质。所有这些都反映了建筑师自身的人格，难怪人们称他为"孤独的建筑师"。[1]意大利建筑师罗西的建筑也具有这种寂静、孤独和记忆的性质，他在建筑研究和设计中特别强调"记忆"，他认为当历史终止，记忆便开始了。他进而认为城市的深层结构是其历史，而城市的独特特征是其记忆[2]。罗西的这种建筑特征是通过光影组合获得的，而不是由材料引发的记忆感觉。巴拉干的建筑的记忆性质则是通过多种感觉系统的感知而获得的。在巴拉干的建筑中，光影、材料、质感、色彩成为一种综合的总体。此外，海杜克的作品也具有这种寂静、沉思冥想的特征（图56、图57）。

　　寂静并不是没有运

[1] Alvaro Siza. Barragan the Complete Work. New York: Princeton Architec-tural Press, 2003: 40.

[2] Aldo Ross. the Architecture of the City. Cambridge, Mass.: MIT Press, 2003:130.

图56　海杜克：时间之延续

图57a　海杜克：寂静的见证

图57b　海杜克：寂静的见证之
反思

动，也不是没有声音。冬夜悄无声息的大雪，夏日午时知了的嘈呱，冬日室外的狂风呼叫，室内围坐火炉，耳听炉上水壶蒸汽推壶盖的有节奏的声响，眼望壶中冒出的蒸汽都是于有声处体会到的宁静的例子，这大概就是邓云乡笔下的所谓冬日京华式的暖意。因此，寂静更是一种心理感受，而非客观上没有声响。寂静通常与回忆、沉思和冥想有关。在回忆和沉思冥想中，时间失去了它的常规意义，失去了它的纯一性质，开始和结束失去了它们的界限，周遭现实的场所与空间失去了其纯功能意义。此时意识中出现的空间和场所现象以及与此相关的记忆和经验中的情绪就与胡塞尔所强调的"纯粹意识现象"有关。独处家中沉思冥想，与观看静静的池水、缓慢流淌的溪水、远山、壁炉中燃烧的火焰具有相同的体验，它们使人们得以回忆白日游移梦想中能够阐明的那种无法追忆的遥远体验和可以回想起来的再体验的一种融合。在这个遥远的区域，想象和记忆是联系在一起的。通过梦想、回忆和联想，在保持了其过去的迷人特征的同时，个人生活中的不同住所和场所空间得以交集和贯穿。因此，对家与场所的体验并不是那种每天不同的互不联系的一个个感受，而是连贯、交织、融合的一种时间和空间的综合体，今天的感受在日后会因重新出现而得到再体验，今日的体验会与明天的体验交织起来一起感受。

　　对空间场所的影像记忆是对残存记忆的再体现，场所空间的记忆以影像、印象的形式表现出来，在记忆的影像中，空间序列重新组合（序列可以错置、颠倒）。在这种空间景象中，由运动连续感知的空间和场所好像同时呈现在眼前。当身体停止了运动，空间中的变化便由时间的绵延表达。时间承载着空间从眼前流过，过去、现在和将来在静止的眼前和记忆中流过，时间的顺序可能错乱，甚至颠倒，时间的顺序也可能以空间影像的形式呈现给身体和记忆。这种空间景象与德勒兹提出的"影像—时间"有关。德勒兹是这样定义"影像—时间"的：时间是通过记忆的闪现而呈现的；过去的体验成为记忆的积淀；记忆在现时的重新体验，过去连续、绵延的运动时间在头脑中的再体验，是把过去的体验片段和时间片段，在现时重新加以组合、连接，成为影像—时间的重新组合，从过去连续的时间中抽取片段重新连接为"片段"的剪辑，绵延的时间成为对片段时间的重新组合而成为一个新的"连续"心理时间与空间。这就是所谓的"从前的现在"。德勒兹说："在《阿卡汀先生》一片的开始，在宽大庭院中向前行走的冒险家又突然出现在某个过去，而这个过去正是他要带我们开掘的时空。简言之，在第二种情况下，回忆—影像不再贯穿它所重构的从前到现在的连续体，而是穿越使它存在的并存的过去时区。"❶当运动停止，停滞在场所空间中的人们所能体验到的时间便需要通过光影的变化、空气的流动、声音的变化等表现出来。这样，同一个场所和空间以不同的面貌呈现给静止的身体而得以体验。而当时间"停止"，也就是空间景象

❶ 吉尔·德勒兹. 时间—影像. 谢强，蔡若明，马月译. 长沙：湖南美术出版社，2004：167.

在记忆中呈现，在此情况下，由时间绵延连接起来的过去、现在和未来的空间场所便同时并列地呈现出来。

　　胡塞尔的现象学将回忆和期待与时间的意识联系起来，而时间的衡量是以"当下"为基准的。当下，即人们所经历的时、日、年。人们将其他的"现在"置于与现实的当下联系中：早一些的属于过去，晚一些的属于未来。过去的现在和未来的现在根据它们相对于现在所处的或近或远的位置进行排列，这样定位了的时间便出现了回忆和期待。通过回忆与期待，人们将过去和未来当下化，也就是将现实的、当下的、或近或远的过去与未来的时间性的"环境"当下化。人们之所以能够将自己的时间维度当下化，是因为人们有过现实当下地对待这些维度的体验。所以，"回忆"和"期待"的被给予方式被归结到"当下"拥有的被给予方式上。有时人们自以为了解自己在时间中的位置，可他们所知道的不过是一系列得以保持存在固定性特征而在空间中显示的固定点，这些"固定点"通常是人们不希望自己消逝而得以存在的点（空间中存在的点）。这是一种凝固化的时间"片段"和影像。在这里，空间保持并包含了压缩的时间，通常这是空间的一个重要用途。如果能够将时间与运动、空间和场所统一起来作为一个有机整体进行思考，那么，在场所空间设计时所采用的便是一种"流动"、"绵延"和动态的整体观，这是一种有机的时空观念。德勒兹清晰地描述了身体在空间中运动而获得的空间影像："运动—影像已经诱发一种时间影像，这种影像以过度或不足的形式，以先于或后于作为经验过程的现在的方式，区别于运动—影像。这次，时间不再由运动来衡量，而是自身成为运动的数量或尺度（形而上学）……作为过程的时间来自于运动—影像或者连续镜头。但是，作为个体或整体的时间却取材于与运动或者镜头连续性有关的剪辑。这就是为什么运动—影像本质上涉及时间的间接表现，不提供我们时间的直接显现，就是说不提供我们时间—影像的原因。时间惟一的直接显现出现在音乐中，但在现代电影中，恰恰相反，时间—影像不再是经验的、行而上学的，而是'先验的'，如同康德赋予此词的意义：时间挣脱其铰链，呈现纯粹状态。时间—影像不包含运动的缺席，但包含从属关系的倒置，时间不再隶属于运动，而是运动隶属于时间。"[1]

　　运动影像有两面，一个存在于与其相对关系变化对象的关系中，另一个在与整体的关系中，影像表达了一种绝对的变化。位置在空间中，但变化的整体在时间中。在电影中，蒙太奇自身构成整体并为人们提供了时间影（形）像。电影的原则活动是时间必须是一种非直接的表象，因为时间从一个与某运动—影像相联系之蒙太奇流到另一个蒙太奇[2]。柏格森称人们在观看自己行动的绵延中，绵延就不是有机联系而仅仅是连接在一起的，而在人们运动的绵延中，绵延的每个状态都是有机地结合在一起的[3]。影像

❶ 吉尔·德勒兹. 时间—影像. 谢强，蔡若明，马越译. 长沙：湖南美术出版社，2004：432.

❷ Gilles Deleuze.Cinema 2, the time-image. Translated by Hugh Tomlinson and Robert Galeta. Minneapolis: University of Minnesota Press, 1989: 34-35.

❸ Henry Bergeson. Matter and Memory.translated by N.M. Paul & W.S. Palmer. New York: Zone Book, 1991: 186.

具有一种不联系的性质，而运动则是连续的。在园林中，时间因素表现得最为突出。虽然城市也是显示时间的极佳场所，但园林的规模较小，能更好地在研究中展示时间所起到的内在作用。在园林观赏中，所谓"步移景异"就是随着身体的运动，视觉摄取园林景观空间的不同蒙太奇，存储并在大脑中成为一种记忆和记忆影像。"步移景异"表面上是位置的变化，本质上则是在空间中运动与时间结合的时间影像。园林不同位置的记忆影像在同一时间在脑海中以并置、错置、剪接、裁取、变形、留滞、简化等"剪辑"方式出现，形成一种加深、浓缩、提炼的园林记忆和概念。所以，爱森斯坦一再强调：蒙太奇必须以变化、对立、分解、回响来进行。总之，是为了给予时间以真实尺度和统一整体的一种选择和协调的活动❶。这意味着运动影像自身是在场的。在场是电影摄影形象的惟一直接时间，而蒙太奇则具有"创造过去的在场"的性质，具有将我们从不稳定、不确实的现在转化为"一个清晰、稳定和向往的过去"的能力，简而言之就是去获取时间。空间感受通常也化作一种记忆，记忆以一种记忆影像的形式重新浮现，成为过去的"在场"，成为保留时间的机制，成为一种时间的剪裁、截取和获取机制。

　　时间是从影像综合中流出的间接表象，这对记忆影像也是成立的。本质上，无论是运动，还是位置变化，所表现的都是一种整体的时间变化。我们都有这样的体验：独处静园，眼观同一景物，山石池水、亭台楼榭、鸟语花香、淙淙溪水、微风涟漪、光影迢忽，虽然身体没有运动，位置也没有置换，但我们仍然强烈地感受到万物的运动，这种"运动"有时表现在外物的运动上，本质上则是时间的运动。在园林中静观时间在眼前悄悄流逝，在面前静静地变化，这种园林感受通常十分强烈。这是一种抛开日常琐事，融入自然与文化中的审美感受，因此，我们能够仔细分析园林和园林审美感受等主题。在园林中，天光云影使人们感受到自然的脉搏、生命的韵律、大地的呼吸：这种感受有时强烈、有时缓慢。年前重游颐和园，有感而填：

采桑子·游园

佛光阁上金风罩，
香岭芳峦，
画栋雕栏，
屏翠清风拂玉坛。

昆明湖畔祥云霭，
水漾漫滩，
舫泊无澜，
晚雾晨曦沁荷园。

❶ Gilles Deleuze. Cinema 2, the time-image. Translated by Hugh Tomlinson and Robert Galeta. Minneapolis: University of Minnesota Press, 1989: 35.

词中试图表达在园中感受到的那种宁静缓慢的律动，这种律动由时间主宰，一种整体的体验，一种形而上的视界。无论是在佛光阁高处感受到的和暖秋风、视线所及的色彩斑斓的山岭，还是长廊中精描细绘的雕栏画栋，或是昆明湖畔的雾霭以及轻拍堤岸和石舫的湖水，都成为"生活时间"的一种具体写照。

园林观赏中，人们随路径导引，从不同角度对主体观赏区的景观进行观赏。运动中，视觉在不同的位置为记忆留下不同的景观画面和蒙太奇，身体获得不同的体验，人们得以在时间空间中体会到真实的生活时间。在这个过程中，运动、位置由时间主导，时间将所有的一切结合为一个综合整体。柏格森所说的"生活时间"中的时间概念是空间与时间的结合。时间和空间中的生活并不是一个在固定空间中的静止生活，而是在空间中运动的生活、绵延时间中的生活，运动成为了时间的一种表现形式。"生活的时间"又经常以记忆的形式重现，因此，总是压缩、变形、剪辑、凝固和交织形态的蒙太奇。

在演奏中，音乐总是流淌、连续、绵延的。音乐是一种真正的时间艺术，韵律在时间中流动、展开，人们获得一种连续、绵延、统一和综合的体验。将音乐的时间表现在空间上便是乐谱。在乐谱上，绵延的时间成为固定的、非有机的、不流动的空间中的点线面——一种纯一的空间媒介。真实生活中声音的有机总和可以比作一种生物，生物的各部分虽然彼此分开，但是由于它们紧密相连，所以互相渗透。[1]园林的体验与此相似。在园林空间中，路径的引导，似乎为空间陆续出现和呈现提供了顺序，但从时间绵延的角度看，则空间没有顺序，空间不是那种由路径串起来的并列、连续序列，而是互相渗透、联系的有机综合，是一种没有界限、顺序的绵延。试想如果园林没有路径，陆续出现就难以用并列、并排、顺序这样的空间和位置术语来加以描述。在园林中如果不按路径顺序行进，而是任意、自由地，不受限制地穿行，便无所谓顺序、无所谓排列。中国园林与西方园林的一个主要区别在于中国园林缺少严格的路径引导和空间顺序，较西方园林在观赏、体验上显出了更多的时间绵延性。因此，时间绵延性是中国园林的精髓，而不像西方园林设计那样以理性空间顺序为指导。在绝大多数情况下，空间影像、意象通过记忆在头脑中的再现已经不是有顺序的并置排列了，而是与行径路线不同的影像渗透、混合，是那种蒙太奇影像（图58～图61）。

人们习惯于空间观念，空间观念已经成为一种生活常规，因此，人们也为这种观念所困扰，不自觉地将该观念引入陆续出现的感觉中。人们将意识的状态放在一个纯粹的背景中并排置列起来，以便同时看到它们，继而它们就以彼此不再渗透的方式一个挨着一个地并列地排列起来。这样，人们把时间放在空间中，用有关广度的词汇来表示绵延，从而陆续出现，

❶ 柏格森.时间与自由意志.吴士栋译.北京：商务印书馆，2007：74.

图58~图61　园林中的时间空间
（颐和园佛香阁后山）
（上左、上右，下左、下右）

变成一根连续不断的链子，其各部分彼此接触而不互相渗透。以此观念构成的影像意味着人们对于先与后，已经不是陆续加以知觉，而是同时加以知觉。在绵延时间中陆续出现的次序以及该次序的可逆性，应是一种纯陆续出现，没有厂度的概念掺杂其间。在空间发展中的陆续出现则不同，是并列的。因为如果对所处地点不加比较，便不能引入次序，所以人们必须把它们看作是众多同时发生、彼此有别的。也就是说，人们把它们并排置列，而人们之所以在陆续出现的东西之中引入次序，是由于陆续出现已被人们变为同时发生，并被投入到空间中。伯格森说："把纯绵延的时间当作一种类似空间的，但性质比空间更单纯的东西是一种错误的观点。这种思维喜欢把心灵状态并排置列，把它们构成一个链环或一根线条。此过程已引入了空间概念，因为空间是一种三维媒介。人们为了能看出线条之所以是线条，需要立足于线条之外，看出线条周围的空虚，因而必得想到一种三维空间。如果人们尚不具有空间观念，则他们所经历的各种状态之陆续出现，不能具有一根线条的形式。他的种种感觉会动力式地彼此凑合起来，按照一个调子各先后声音的样子把自己组织起来。纯绵延只是种种性质的陆续出现。"他接着说："这些变化互相渗透，互相溶化，没有清楚的轮廓，在彼此之间不倾向于发生外在关系，又跟数目丝毫无关：纯绵延只是纯粹的多样性。"[1]这再次证明，在时间的讨论中，如果将时间如同空间那样看待，则时间的绵延性将会消失。人们对整体园林的感受、体验便会成为习惯中讨论的空间感受，而不是没有分隔的时间与空间内在统一的绵延连续体。如果对空间的体验缺少了内在统一的时间感受，则园林体验便会成为割裂、不连续的空间感受。对建筑师来说，认识到这一点便有

[1] 柏格森.时间与自由意志.吴士栋译.北京：商务印书馆，2007：77.

可能在设计中思考体验的时间要素，不去孤立地思考空间，而是有机地将时间-空间融合起来，如同作曲家在作曲时所做的：落笔为乐谱中的乐符，但在体验中则是浑然一体的曲调韵律。

9. 光与影

> 我不理解光。光给予我那种存在着某种超出我之外，超出所有理解的感觉。
>
> ——彼得·卒姆托（Atmospheres）

视觉呈现的外部前提是必须有光，有光就有影。光与影的体验和感受直接而强烈。对光影的感知主要通过视觉获得，但是其他知觉可以感到眼所不能见的射线。

光影产生的心理效果能够导致极端的感觉并有直接的效果，人们甚至可以在梦中描述光线。在微弱和昏暗的光线下，视觉的作用减弱，而其他感官，尤其是触觉、肌肤的知觉、嗅觉和听觉的作用加强。帕拉斯玛认为：眼睛是一种距离感和分离感很强的知觉器官，而触觉则具有亲近性、私密性和感染性。眼睛巡视、控制和探究，而触觉接近和关怀。当感情冲突、情绪激动时，人们会合上双眼，就是说，人们倾向于将视觉这种远距离的感觉关闭。有时阴影和幽暗的空间情景十分关键，因为它减弱了犀利的视觉，使得深度感和距离感变得模糊，从而促成和引导边缘性的无意识和潜意识的视觉和触觉幻想[1]。人们不仅通过视觉获得光线的感觉，肌肤根据温度和光线的辐射强度所体会到的光影知觉也同样十分强烈。视知觉对光影的感知需要依靠天气状况来决定。因此，光影的感知有赖于天气的阴与晴。阴雨天气下的感知与强烈阳光下的感知完全不同。阳光卜产生的强烈光影效果对建筑形体塑造有着决定性的作用，在这种情况下，影赋予形以生命。光影的对比与反差效果及其使用方式是产生和体现建筑那种神奇与神秘感的强有力的武器。建筑历史中，杰出地使用光影的建筑很多，古埃及的金字塔和神庙，爱琴海岸的古希腊建筑等都是杰出的代表，而地中海地区阳光灿烂的地理气候是当地独特的建筑形式和文化以及建筑上强烈和迷人的光影效果的直接原因。霍尔称："罗马是影的城市，在那里，午时强光表现出那种静止的存在……"[2]，这说明光影的效果如此地强烈，它可以主导城市给予人们的整体感受和印象，从而塑造城市的特征。他还认为都市中发光之夜的空间性是由阴影、色彩和视线形成的一种深度概念和体验，它与由日光形成的白天的空间性完全不同。夜光形成了一种如液体般流动的发光空间，北京之夜、曼哈顿的夜色和阿姆斯特丹的夜景是不同的。明与暗，黑与不同亮度的特性不仅影响空间和视觉的流动

[1] Juhani Pallasmaa. The Eyes of the Skin, Architecture and the Senses. Wiley-Academy, 2005: 46.

[2] Steven Holl. Parallax. New York: Princeton Architectural Press, 2000: 132.

性，同时也影响相关的心理空间。同样的空间，有时人们会感到其快速的节奏，有时则会感到它在缓慢地流动。建筑可以通过决定昼与夜光影的粘滞性来限定流动性。在这种情况下，风格和形式在某个时刻消失了。这时，光影与建筑以及人们对光影中空间感受的交织是一种形而上学的交织。

当代和现代建筑对光影的重视和研究不是很充分，尤其是现代建筑所强调的工艺化和标准化生产及其相应使用的平板玻璃幕墙，或是没有变化的横向长窗以及现代人工合成材料，都减低了建筑师对迷人的光影的重视和研究，减弱了人们对丰富、生动和变化的光影的感受。帕拉斯玛说："古老的城镇和其更迭变化交错的黑暗、阴影和明亮光线的各种领域，与今日之明亮和均匀的街道灯光相比显得更加神秘和诱人。想象和白日幻想是被幽暗和阴影刺激而产生的。为了能够清晰地思考，人们需要压抑锐利的视觉，因为思考通常是与空白的心智和非集中的视线结合在一起的。没有变化的明亮光线，如同均质和没有变化的空间，它减弱了存在的体验，抹去了场所的感觉，使想象变得迟钝。人的眼睛更适合于微弱的光线，而不是强烈的日光"。❶在我们的时代，光线似乎变得仅是数量问题，窗户也失去了其中介和调节、关闭与开放、内部与外部、私人与公共、阴影与光线这种二元世界的重要作用。可以想见，窗户一旦失去其本体论的意义，它不过是墙上缺少的部分或空洞。墨西哥建筑师巴拉干认为："使用大面积平板玻璃窗的做法剥夺了建筑的那种亲切和私密性以及阴影和气氛的效果。世界各地的建筑师在朝外的大尺度窗户和空间开口的分配上都犯了错误……我们失去了一个亲切和私密生活的感觉，我们被迫生活在一种公共的生活中，本质上说就是我们被迫离开了家园。"❷他进而认为建筑师忘记了人们也需要暗光的事实，微光创造了那种迷人的平静和安详的气氛。他认为在绝大多数当代住宅中，窗户面积如果减少一半，其效果将会比目前的状况好得多。所谓"窗户面积减少一半"的目的，就是减弱室内的光线和明亮度，创造更多的阴影，调节和控制室内亮度❸（图62）。由此可见，窗的设计之尺寸、形式、形态和质量因其引进光线的方式与多少而对室内空间的质量和气氛起着决定性的作用。

安藤忠雄的小筱邸（Koshino House）室内走廊中的幽暗的照明对弗兰普顿来说，唤起了那种黑暗的传统室内气氛，

❶ Juhani Pallasmaa．The Eyes of the Skin, Architecture and the Senses. Wiley-Academy, 2005：46.

❷ 同上：47.

❸ Kenneth Frampton．Modern Architecture: a Critical History. New York: Thames & Hudson, 1990：319.

图62 巴拉干：卡普奇娜小教堂

这种黑暗的室内气氛在日本作家谷崎润一郎（Junichiro Tanizaki）的《赞美阴影》（In Praise of Shadows）一书中被充分阐述和展示。在"光之教堂"（the Chapel of the Light at Ibaraki）中，安藤忠雄在圣坛后整面墙上嵌刻进一个透光的十字架，这个透光的十字架将时刻变化的自然光线引进室内（图63、图64）。正是这点保证了教堂中的人们能够在呈现出强烈几何对称性的该教堂结构中体会到现象的存在，体会到身体的存在在感觉上的自我意识。他说："身体表达了世界，同时身体也被世界所表达。当'我'体验到混凝土是某种冷与硬的物体时，'我'同时认识到身体是温暖和柔软的。身体与其世界以这种动态方式而成为Shintai（神体）。正是在这种意义上Shintai营建和理解建筑。Shintai是一种对世界作出反应的有知觉的存在。"❶

❶ Tadao Ando. Shintai and Space. Precis 7. The Journal of the Columbia University Graduate School of Architecture, Planning and Preservation. Rizzoli, 1986: 16.

图63 安藤忠雄：光之教堂（左）

图64 安藤忠雄：光之教堂（右）

谷崎润一郎谈到，日本的寺院和传统建筑笼罩在阴影中，阴影的气氛正是日本建筑的精彩之处，这种阴影由深远和低矮的屋顶设计而获得。传统日本建筑的营建由限定屋顶和屋檐的尺寸开始，屋顶和屋檐的限定也是对阴影的限定，阴影是与屋顶和屋檐不可分割的一个整体。这种低矮和深远的屋顶所造成的深重和大面积的阴影造成了与中国传统建筑的微妙的审美差异。日本传统建筑空间的光与影的设计策略与西方将建筑空间作为黑箱，随后对这个黑箱世界开洞并投射光线，形成光与影的对比之策略不同。传统日本建筑似乎试图从光的世界中特意限定和创造出影和黑暗的世界与空间。这种影的空间主要体现在屋檐下之廊子中。在这里，光与影的对比十分强烈，但是这个空间并不是黑暗的空间，而是被芦原义信称之为"灰空间"的空间。穿过廊檐，走进室内，这室内的空间则是谷崎润一郎极为赞美的幽暗空间。在作为室内空间和廊檐空间隔离体的墙上所开之门与窗，其作用与西方并没有区别，但是它们无法形成当代西方建筑室内的那种强烈的光影对比效果。相反，其作用在于提供某种程度的暗光、散漫光、幽光。谷崎润一郎认为日本的文化、服饰、化妆、昏暗舞台上表演的戏剧和戏剧服饰、器皿、食具等都与这种幽暗的影的世界相关❷。在比较

❷ Junichiro Tanizaki. In Praise of Shadows. New Haven: Leete's Island Books, 1977. Trans. Thomas J. Harper and Edward G. Seidensticker.

中西纸张时，他认为：纸张是中国发明的，西方的纸张对于人们来说，除使用外，别无他物，而中国和日本的纸张却给我们一种温暖、平静、幽闲和泰然的感觉。同样是白色，西方的纸张是一种颜色，而东方的又是另一种颜色。西方的纸张将光线反射出去，而东方的纸则似乎是将光线吸收进来。作为通则，对东方人来说，与那种闪闪发亮、金光灿烂的东西一起总没有那种居家的踏实感，没有办法真正地获得归家感。西方人喜欢使用擦得闪闪发亮的不锈钢和银器等金属器皿，而在东方，尤其是中国和日本则不这样做。东方人也用银器，但并不将其抛光，擦得锃亮，相反，只有当那层闪光开始消失，我们才能够开始欣赏它。仅有当其开始生出那种深沉、暗晦、烟尘熏染、古色古香的幽幽光泽时，我们才能欣赏它。譬如国人喜好的玉石，它所具有和散发出的那种微微的柔和、暗淡的幽光与钻石所具有的闪烁的晶莹光泽完全不同，玉石所带有的是那种暗淡、散漫、深沉、具有阴影的光泽。这种云雾缭绕的光影气氛似乎聚集了中国的古老文明和悠久历史。❶美国20世纪上半叶的著名现代主义建筑师赖特、格林兄弟、梅贝克的建筑设计都受到的日本建筑的影响，他们的经典传世之作有着强烈的东方建筑气息。最显明之处就是他们的建筑使用了进深深远的屋檐从而形成了室外屋檐下强烈的阴影感。

　　门窗与墙是引进和割断光线并制造阴影的主要介质。墙创造影（造影之墙），门与窗使光线进入室内空间（纳光之窗）。墙提供遮蔽与保护，门与窗用于进出。窗通常也是室内和室外空间融透的处所，视听知觉发生的地方。窗是建筑中具有原始和古风特征的重要原型建筑要素，也是一个处于独特地位的建筑元素。它是光明与黑暗、冷与热、内与外、自然与人造、异域与家园、混沌与秩序之间的二元统一体。它虽然具有隔离的作用，但主要还是起沟通二元世界的中介作用。空间中的墙是割断室内和室外空间光线交流的强力要素，它具有人力斧凿的明显印记。墙在白天割断了室外日光进入黑暗的室内空间并形成阴影的条件；在夜晚，墙阻挡室内光线射向漆黑的室外夜空。墙上的窗则通过控制进入室内的光线的多少而具有了影响和决定室内气氛和质量的作用。安藤忠雄认为："光和风这种事物只有当它们以一种与外在世界割断联系的形式被引入室内时才具有意义。这种隔绝和孤立的光与风提示着整个自然之世界。我所创造的形式通过提供时间流逝和四季变化提示的基本自然要素（光与微风）而改变和获得了新的意义。"❷门窗正是光与风得以进出室内的界域。安藤忠雄在谈到墙时曾认为墙在某些时刻展示出了一种强力和非自然的力量。墙具有分割空间、使场所变形和创造新领域的能力。❸墙上开洞的多少和大小决定了光线渗透和阴影面积的大小和多少，同时决定了空间的渗透感和通透度，也决定了场所和空间的气氛。路易斯·康将窗作为室之最重要的部分，因为它赋予空间以特征和生命。❹

❶ Junichiro Tanizaki. In Praise of Shadows. Frans. Thoms J. Harper and Edward G. Seidensticher.New Haven: Leete's Island Books, 1977: 13 .

❷ Tadao Ando. From Self Enclosed Modern Architecture Towards University. The Japan Architect, 1992: 9.

❸ Tadao Ando. The Wall as Territorial Delineation. The Japan Architect, 1978: 12-13.

❹ Alexandra Tyng . Beginnings, Louis I. Kahn's Philosophy of Architecture. New York: John Wiley & Sons, 1984: 130.

如果将"灰空间"的概念转化到光影空间领域进行探讨，它便成为空间光影的"灰"度，让我们试想光线成为一种弥散和漫延的光亮度，越靠近外围或室外的地方越明亮，而越靠近室内空间中心的地方越昏暗（灰），直到光线照射不到的地方成为黑暗的阴影区。这是一个逐渐过渡、程度不同的"灰"色区域和空间。"灰"是程度不同的阴影体现在空间的逐渐变化中。现代建筑以来出现的玻璃幕墙和横向落地长窗使"墙"与"窗"的界限变得模糊不清，墙成为窗、窗成为墙的情景经常出现，从而造成了室内和室外、公共和私人空间的混乱。更重要的是，它会造成人们视知觉的混乱不清和对光影的知觉迟钝。

一般来说，"正面光"的效果不太好，因为光线正面照射在物体上，阴影就会最少，物体的雕塑性也就越小，肌理和质感的效果也会越差。这是因为对肌理和质感的感知需要依靠微小的光线差别。如果受光面的光线过于强烈，受光面的"形"就会失去；如果阴影面太暗，那么该面的"形"也无法识别。[1]荷兰画家伦伯朗和维米尔（Jan Vermeer）的肖像和室内景象绘画作品充分地表现了当时当地室内光线的使用以及当时荷兰住宅室内采光的设计。[2]在这些肖像画中所表现的光线与阴影恰当地表现了审美主体的光线。现代主义运动早期，功能主义通常只表现在一些口号上，例如平面、开敞和光线都是新风格中响亮的词汇，但是，它考虑的光线通常也只是光线的"量"，而不是光线的"质"。拉斯姆森认为天窗的光线不好，因为这种光线过于散漫，而无法形成那种能够帮助辨认物体形式、肌理和质感的阴影。[3]当然，他有关天窗光线的论断似乎过于笼统，实际上，不同来源、不同质量、不同颜色、不同强度的光线的好坏与否，取决于设计、使用和目的的恰当与否。

集中的光线（也就是从一个方向来的光线）通常是表现物体的形式、肌理和质感的最适当光线，同时它也提供和创造了一种闭合空间的特征。光线自身也能够创造一种闭合空间的特征。深夜的篝火形成一个被周围的沉沉黑夜包围的明亮空间，篝火周围的人们能够感到那种室内聚集在一起的感觉。反过来，如果人们试图创造一种开敞的空间气氛，就要谨慎地使用集合和过于集中的光线。

影在现代艺术中有着十分独特的表现，路易斯·康说："阴影之可贵来自环境和气氛，光之于寂静，寂静之于光。作为存在和呈现的给予者的光，投下属于光的影。"[4]影源于光，最迷人的影是在阳光下产生的。人造光，也就是灯光、烛光等也产生影子，灯光产生的阴影是工业革命后的产物，只是到了现代建筑以来，灯光和照明的设计才与室内设计和城市设计紧密地结合了起来，成为了城市建筑设计的一个组成部分。迷人的光影作为一种气氛、一种效果、一种情绪（图65～图67），不仅在视像，而且在心理和精神上有着丰富的历史传载。卒姆托说："我不理解光。它

[1] Steen Eiler Rasmussen. Experiencing Architecture. Cambridge: MIT Press, 1957: 190.

[2] 同上: 199-207.

[3] 同上: 208.

[4] Kent Larson. Louis I. Kahn, Unbuilt Masterworks. New York: The Monacelli Press, 2000: 15.

给我一种超出我的力量范围之外的感觉，一种超出所有理解之外的东西。"❶
光，尤其是阴影，作为纯粹心理和意识现象在心理发展中所起的作用也是
深远的。光线似乎永远与意识和视觉紧密相连，影则与潜意识和无意识的
深层结构联系了在一起。阴影在心理和意识上与黑暗、未知、模糊、恐
惧、压迫、寒冷等概念联系了起来。将光影放在纯粹意识中进行考查通常
是不得要领的，相反，它们通常与具体记忆和体验联系在一起。拉斯姆森
说，阴影从来就不是黑的，更不是没有意义的。阴影中那种色彩丰富的微
光和闪烁的反光将阴影照亮。❷光影的效果有时又与特定的场所和空间结
合在一起。几十年后的今天，笔者还经常在不知不觉的阅读情景中，或触
景生情的情况下回忆起北京深秋和寒冬无边的夜色中，灯影迷离和街巷索
然的景象和体验，那种光影是与真实具体的胡同和街道空间融合在一起
的。光影不仅具有视觉效果，而且能够产生声学效果，例如阴影就与寂静
有着某种内在的微妙关系。在光线下，阴影给予物体以形状和生命，同
时，它也提供了一个奇异幻想和梦想得以产生的王国和土壤。艺术中的光
影对比手法也是建筑师经常使用的手法。杰出的建筑空间总具有一种光线
和阴影的持续、永恒和深沉的呼吸。阴影吸进光线，而光明呼出光线。在
夜里，虚与实、空间和实体在黑暗的空间中颠倒了地位，变化了位置，更
换了角色。其原因也是光线和阴影，实体和空间在光线和阴影中所产生的
效果。

　　光与影是一对共生体，光影的对立物是无光影。没有光影的物体通
常含糊，浑然一体，具有整体感，同时又是背景和布景化的。阴雨气候条
件下的物体与空间都具有这些特点。黎明、暮霭和雨雾的模糊性通过将视
觉形象变得模糊不清而唤醒和激发了想象。阴雨条件下的空间感受和体验
与阳光灿烂条件下强烈的光影中的空间和建筑感受完全不同。阴雨条件下
的生活体验和经验是如画的，也就是平面化的，其经验的基调是忧伤的。
江南春季那种阴雨霏霏、雾雨蒙蒙、如诗如画的情景中，人们的空间概念

图65 霍尔：伯克维兹住宅中的
光影（左）

图66 霍尔：反射在"水的故
事"过道上的阳光波痕（中）

图67 卒姆托：瓦尔斯温泉浴场
中的光线（右）

❶ Peter Zumthor. Atmospheres:
Architectural Environments
Surrounding Objects. Basel:
Birkhauser, 2006: 61.

❷ Steen Eiler Rasmussen. Experi-
encing Architecture.Cambridge:
MIT Press, 1957: 88.

较为薄弱。在这种场景中，如果用体积与空间的概念来诠释什么就似乎是十分地无力了，这时所感受到的是一种感受的体验，是一种情调的经验，一种肌肤与潮湿之气接触、身体融于雾气的经验。雨雾中独处江南园林的感受：那细蒙蒙的雨水从深灰色的瓦顶屋檐上滑落的滴答声响，眼中所见的池中雾霭，与天空融在一起的白墙灰瓦，肌肤所感受到的潮气，鼻中闻到的芝兰的幽幽香气，坐在游廊长凳上感到的凉意，所有这些都结合为一种无法分割的独特体验。在大雨中的北京四合院中所感受到的则是另外一种独特的体验：站在屋檐廊下放眼望去，暴雨袭瓦顶形成的白雾，如注的大雨从瓦楞处倾泻而下，浇在阶前条石上发出的哗哗之声，院内积水下透出因经年使用而磨光的平滑青砖，此时的青砖显出了平时难得见到的平滑和质感，它使你有那种即使是在大雨中也想俯身抚摸的冲动。在这些经验中，空间的意味不多，更多的是一种知觉感受。多年来一直也忘不掉雨中在苏州网师园和京城北海静心斋中所获得的感受。这些感受是那么地深切，而成为一种朦胧、浑然一体的真切感受。有时，在心无所想、思绪茫然的情状下，那细细的雨丝似乎又浮上了肌肤，耳中重又飘进那细碎的雨声，没有阳光和阴影的眼前重新浮现出了灰蒙蒙的薄雾、白墙和灰色的天空。在这种时刻，记忆、经验、感受和意识便融合为一体，成为一种"纠结的经验"的体验和感受。

在文学作品中，冬天室内与室外宇宙之间的关系总是十分简单的。尤其是大雪可以将外部世界一笔勾销，给予整个世界以一种颜色。在人们居住的房子之外的冬天是一种简单化了的世界。白茫茫的大雪赋予整个世界以一种单一的颜色，覆盖了所有的活动痕迹、路径和色彩，减弱了声音（息），从而更凸显了这种简化的作用。而在室内，任何事物都被详加区别、琐碎、繁复，富有生活情趣和生机。由于对外部世界物体的识别能力减弱，而对亲密性质的体验日益增加，因此，住宅在冬天演化出了亲密性的点点滴滴和细致入微的亲切感受。

赖特、巴拉干和格林兄弟的作品都是有节制地使用光线的典型。在赖特的家乡威斯康星的塔里埃森室内，很少能够见到直接的强烈的阳光。赖特设计之建筑的一个典型特征是使用悬挑很深的屋檐，这种设计防止了过度的直射阳光。在塔里埃森的赖特的工作室中，天窗的使用是为防止直射的阳光。这样的作品显得沉稳、安详，其室内环境适合沉思冥想。赖特的建筑虽然有着大面积的窗户，但仍然显得很暗。那是因为他使用深悬挑，屋檐进深很大，建筑融入周围环境，周围浓密的树木将光线减弱等原因。柯布西耶在朗香教堂中也创造了一个十分动人的室内空间，因使用非直接照明，该空间的气氛具有那种阴影中的昏暗感觉（图68~图70）。建筑师格林兄弟设计的住宅，室内光线显得柔和而昏暗，其设计在室内采用大量木料，并使用精致的工艺构造，促成了人们对室内氛围、材料和工艺的关

图68~图70　柯布西耶的朗香教堂室内光影（左、中、右）

注。阿尔托的Saynatsalo市政厅中昏暗的议会厅创造了一种神秘的空间感觉，强化了演讲人语言的力量。这些现代建筑经典实例表明，适当和恰到好处的室内黑（昏）暗状态能够创造一种向心和凝聚的感觉和体验。没有充分的光线和昏暗的室内也是中国传统建筑的典型特征，江南民居是其显证。在云南少数民族的"大房子"中，室内甚至没有光线，呈黑屋状。梅洛-庞蒂指出："当明亮的和有联系的物体的世界被取消时，与其世界分离的我们的知觉存在就形成了没有物体的空间性。这就是发生在黑夜的情况。黑夜不是在我面前的一个物体，它围绕我，它通过我的所有感官进入我，它窒息我的回忆，它几乎抹去我的个人同一性。我不再以我的知觉器官作掩护，以便从那里看物体的轮廓在远处展现。黑夜没有轮廓，它接触我，它的统一性就是超自然的神秘统一性。只要黑夜隐隐约约地充满喊叫声或（具有）远处（闪烁）的光线，它就能整个地活跃起来，它是一种没有平面、没有表面、没有它和我之间（的）距离的一种深度"。❶

❶ 莫里斯·梅洛-庞蒂，知觉现象学，姜志辉译，北京，商务印书馆，2005：361.

　　光，尤其是影在现代艺术中也有着十分独特的表现，超现实主义画家达利的作品中的阴影、希区柯克悬念电影中的光影具有强烈的超现实的倾向，透射出了精神分析学派所讨论的潜意识以及人们在现代社会中所产生的焦虑、压迫和异化的感受。达利作品中的阴影和拉长了的时钟还透射出一种超越时间和空间的意象，表达出一种永恒的记忆、经验和时空概念。意大利形而上学画家基里科（Giorgio De Chirico）的作品中的阴影是他的作品中强烈和永恒的主题。其作品中的阴影似乎表现出一种古典和虚幻的永恒主题，譬如在图71和图72所示的作品中表现出的是一个超越的形而上学的存在。这种存在根植于而且超越了记忆、历史、心理和经验的存在。意大利有其独特的地理和气候条件以及深厚的文化历史，光与影在其历史文化中有着很深厚的积淀。光与影在意大利艺术作品，尤其是在透视学的产生和发展过程中得到了仔细的研究。在意大利当代建筑师罗西和格拉西（Giorgio Grassi）

图71　基里科作品：光与影，"一条街道的神秘与忧郁"

图72 基里科作品：光与影

的建筑、研究草图和表现图中，阴影是一个十分重要的研究和表现主题。他们作品中的阴影不仅是一种文化和历史主题，而且是一种理性的分析和表达手段。罗西在加拉拉泰斯公寓（Gallaratese）中使用的高大柱廊所产生的强烈阴影，摩德纳墓地（Cemetery of San Cataldo, Modena）骨灰堂建筑上使用的方窗空洞所产生的重复而理智的阴影都产生了一种凝重的回忆般的体验和记忆。罗西、格拉西所使用的阴影与意大利形而上学画家基里科在1912～1918年间绘制的形而上学绘画作品有着渊源。基里科关注的是凝固的或某种记忆深处的时间和空间，这种时空孕育着闪烁不定、不易琢磨的意义和谜一般的存在。在他的作品中，时间似乎凝固了起来，迫近的危险表现在令人瞩目的时钟上，正待启动的火车和轮船，逼近的具有压抑感的巨大阴影则令人窒息。

光与影在霍尔的现象学设计中也占有重要的地位。他的《视差》一书的第五章"影的速度（光的压力）"专门讨论了光影的问题，他说："光线既可以在文字上读解为光线的现象，也可以在科学上读解为光的压力。没有语句的语言，正如自然光线，具有那种超越具体意义和目的的本质。在光成为语言的时刻，语言成为一种光线的形式。浸渍在大量的光线中，明亮的空间就如同梦境。短暂的强烈感觉点燃了直觉。"[1]他还认为："光线的呈现是宇宙最基本的联系能量……光学的神秘性质接近了人们有关建筑中自然光线的生理愉悦：反射日光微弱暗淡的光亮，强烈阳光沐浴下粉墙的光泽以及在具有色彩的反光中深浅不同的阴影的变化。光与影那令人吃惊的范围和限度，包含着那种如同在梦境中的，在不定性中弹性地闪烁着微光的神秘模糊性……光线无穷的可能性从建筑开始时就是自明的，并将持续到未来。"[2]他认为，如同语言的编织，对新颖空间的揭示在光线中化解和重现。在奇伟的空间中，光线的变化好似在描述和刻画形式。霍尔还创造了"光痕"（Light Score）的概念，用以描述光线在空间中和建筑上所表现出来的性质。"光痕"在他为意大利卡奇诺城设计的"城市展览馆"（Museo Cassino）的空间构成中提供了组织概念。与"光痕"相似的概念还反映在他近期的其他作品中。"光痕"概念的产生与霍尔早年在罗马实习的经历有关（图73）。

[1] Steven Holl. Parallax. New York: Princeton Architectural Press, 2000: 104.

[2] 同上：111.

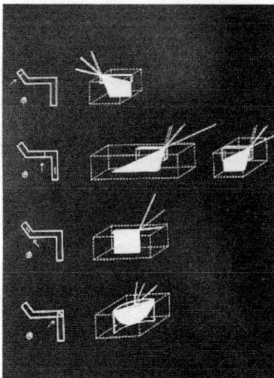

图73a 霍尔：光痕/影的速度

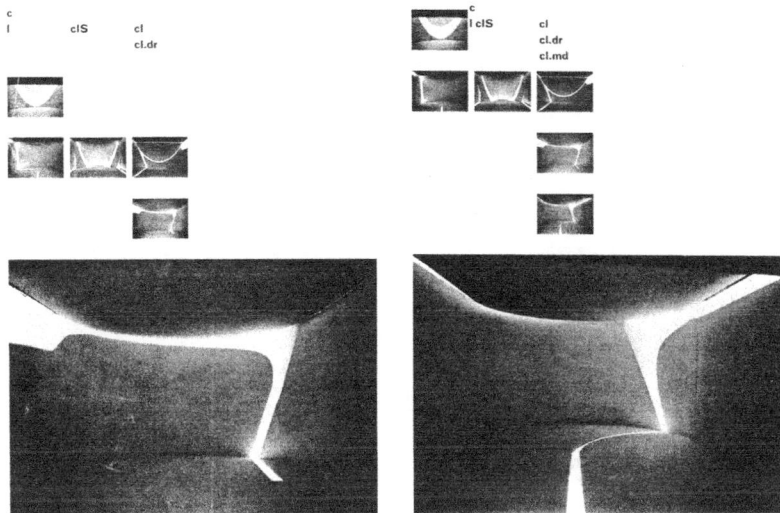

图73b　霍尔：光痕/影的速度

1970年在罗马时，他住在万神庙后，一天的活动是从观察这个宏伟的空间开始的。他说："每天的光线和阴影都不同，万神庙是一个很好的老师，它是一个有着光影的实验室。"[1]

　　光影与色彩在空间中结合形成一种综合的视觉与肌肤的知觉体验（图74～图77）。霍尔还使用了"色差空间"（Chromatic Space）的概念。在色差领域讨论知觉现象就不仅仅是光的波长问题了，该概念讨论的

[1] Steven Holl. Parallax. New York: Princeton Architectural Press, 2000: 132.

图74　北京四合院中的光影（上左）

图75　梅贝克：基督教科学会第一教堂室内光影（上右）

图76　梅贝克：基督教科学会第一教堂室外光影（左）

图77　霍尔：斯特雷陶住宅室内光影与流动的空间（右）

是空间中的色差现象。这个概念涉及的不是纯颜色问题，而是光学、色彩以及光线与色彩光谱在空间设计中的应用，尤其是它对感知和知觉的影响，霍尔称其为"色差空间"（Chromatic Space）。在为西雅图大学设计的一个小教堂中，他使用了七个光桶/瓶来组织建筑的色差空间。

图78　安藤忠雄：水之教堂

安藤忠雄的作品力图使光、风和气候等自然现象中的基本要素穿过和渗入建筑空间。在他的建筑中，通常可见强烈的阳光和清晰、锐利的阴影落在微妙和表达完美的空间上。时刻变化着的光线的色彩似乎调节着周围的建筑体量，这种建筑体量融解在不断变化的光线中的现象，正是安藤忠雄作品与众不同之处。他在建筑设计中使用光的明亮和辉耀的朦胧和含糊性质来揭示空间，这在水之教堂中表现得十分充分（图78）。在安藤忠雄的作品中，形式、光线和色彩的和谐是通过综合其内在的对比特性而获得的。光线和色彩与建筑的材料要素不同，它们是临时、短暂、过渡、易逝、虚幻、瞬时即逝和"朝生暮死"的。[1]

❶ Tadao Ando. the Colours of Light. London: Phaidon Pres, 1996: 205.

❷ Peter Zumthor. Atmospheres: Architectural Environments Surrounding Objects. Basel: Birkhauser, 2006: 61.

卒姆托在谈到如何在建筑设计中处理和设计光影时认为，在建筑设计中不能先设计好建筑和空间，然后再问在哪里设置照明和如何为自己的设计提供光源这样的问题，这些内容应该在建筑设计开始时一起综合考虑。因此，卒姆托所喜爱和采用的一种设计策略就是将建筑作为一个纯粹的黑暗和阴影的体块（积），然后，在这个黑暗的体积和空间中照射进光线，好似从中掏出黑暗，光线犹如新的体块渗入到黑影中。[2]

路易斯·康的作品中最令人瞩目的领域是光影，他将光影作为塑造建筑的一种材料，而不是将其作为体积和空间的副产品。他在设计过程中经常用灯光照射建筑模型来研究光影。他在建筑实体上采用不同角度创造出了十分清晰、能够提供光与影的幻觉的几何形。光线使物体得以成为物体，它将空间和形式联系起来。透过建筑门窗和其他空隙进入室内和空间的光线如同被"截留"下来的光线。这种光线好似被"过滤"了，被实体建筑要素重新塑造，而在空间中成为"塑造"了的和可以"衡量"的光线。这种光线在建筑表面上逗留和停滞，并在实体的背光面形成阴影。

日光的强度随时间和季节的变化而变化，其颜色、特征和质量也随时间、季节、位置和角度而变化。由此，光影中物体的表现和呈现也随之变化，而且光影具有极强的导向性（图79～图81）。另一方面，仅有当光线被建筑实体和空间所"截留"和"获得"时，光线才能成为实在；仅有当光线落在物体上，它才能够实体化，并且通过实在的物体而被赋予形

图79～图81　光的导向性（北京北海静心斋）（左、中、右）

式。因此，空间与光影是互相塑造的。

　　在光与影的交界和转折处，光与影同时存在，强烈的光线与深沉的阴影互为比照，正是在这个转折之处，形式、体量和三维空间被明确地给予。"自然光通过日间不同的时间和一年的不同季节进入并且修饰空间来给予空间以情绪和气氛"。❶光影的形而上学是日常的物质、形式、空间纠结的本质，不断变化的光线和天气不可避免地影响和改变人们对建筑和环境的知觉，不断变化的光线还意味着建筑和环境必须是体验和知觉的，而不仅仅是视像的，尤其不仅仅是照片上的，这是建筑现象学所要表述的。

❶ Alexandra Tyng. Beginnings, Louis I. Kahn's Philosophy of Architecture. New York: John Wiley & Sons, 1984：162.

10.对知觉和体验的记忆

　　（这样的）记忆包含了我所知道的最深的建筑体验。它们是作为建筑师的我试图在工作中探索的建筑氛围和形象的丰富源泉。
　　　　　　　　　　　　——彼得·卒姆托（Thinking Architecture）

　　无论是视觉的、听觉和嗅觉的，还是触觉的建筑感觉和知觉，都可以触发重新体验的机制和开启记忆的闸门。帕拉斯玛认为身体认同建筑体验的真实性是基于建筑的建造逻辑（建构）和对知觉营建艺术的整体可领会性。人们用整个身体的存在去注释、观察、触摸、聆听和衡量世界，由此便以身体为中心而组织、形成和表现体验的世界。住所就是人们的身体、记忆和个性的避难所。我们不停地与环境对话、互动，以致在一定程度上无法将自己（的影子）从空间和情景存在中区分出来。帕拉斯玛引用诗人Noel Arnoud的话："我在哪里，我就是空间。"❷有时，空间就是一切，因为时间终止了记忆的复活。记忆并不记录具体的时间间段，人们不可能重新生活在已经消失了的时间间段中，人们只能对其进行想象和思考。巴什拉认为记忆是停滞的，它们越是牢固地固定在空间中，它们就越久远而深厚。❸

❷ Juhani Pallasmaa.The Eyes of the Skin, Architecture and the Senses. Wiley-Academy, 2005：64.

❸ Gaston Bachelard.The Poetics of Space, trans. Maria Jolas. Boston: Beacon Press, 1969：9.

❶ Edward S Casey. Remembering: A Phenomenological Study//Juhani Pallasmaa.The Eyes of the Skin, Architecture and the Senses.Wiley-Academy, 2005: 63.

❷ 胡塞尔，黑尔德编.生活世界现象学.倪梁康，张廷国译.上海：上海文艺出版社，2005：20.

❸ Gaston Bachelard.translated by Maria Jolas. The Poetics of Space. Boston：Beacon Press, 1969: 54.

❹ 张中行选集.呼和浩特：内蒙古教育出版社，1995：262.

❺ 文洁若.生机无限.北京：北京十月文艺出版社：74.

❻ 莫里斯·梅洛-庞蒂. 知觉现象学.姜志辉译.北京：商务印书馆，2005：238.

　　富有意义的建筑体验不仅仅是一系列视网膜上的形象，建筑的"要素"不是视觉单元或格式塔。建筑经验是由与记忆互动组成的。"在这种记忆中，过去变形为行动。与那种和身体分离而保留在思想和大脑中的思想相对，过去成为完成某种任务所需身体活动中一种活跃和积极的要素。"❶胡塞尔的现象学将回忆和期待与时间的意识联系起来，而时间的衡量是以"当下"为基准的。当下，即我们所经历的时、日、年。人们将其他的现在置于与现实的当下联系中："时间维度的被给予方式也是某种主观进行的东西。它们出现在意识流中。但意识流本身却是意向体验的一种时间性的先后顺序。"❷那种通过回忆与期待对过去和未来进行的"当下化"根据其意义依赖于如下一些体验，在这些体验中，"昨天"是一个已流逝了的"今天"，"即将"是一个将要出现的"现在"。

　　人们具有回忆和想象场所的内在能力。感知、记忆和想象不断地互相作用，巴士拉说："记忆和想象是联系在一起的。"❸城市与环境的记忆总是与人和事紧密地联系起来的，记忆可以将我们带到遥远的城市。小说通过作者的神奇文字也能将我们带入城市，尤其是记忆的城市。张中行在《沙滩的住》中谈起北大红楼所在地的沙滩一带时说："但沙滩一带的格局却大部分保留着，所谓门巷依然。我有时步行经过，望望此处彼处，总是想到昔日，某屋内谁住过，曾有欢笑，某屋内谁住过，曾有泪痕。屋内是看不见了！门外的大槐树仍然繁茂"。❹这景象徒使他暗咏《世说新语》中司马温的话："木尤如此，人何以堪。"萧乾的夫人文洁若在回忆过去时有这样的描述："穿过一条条小胡同，左转右拐……周围人影稀落，我们纵有千言万语，也不知从何说起，我忽然发觉，左近的房屋好熟悉。原来不知不觉已走到我生活了二十年的老家跟前。记忆这个魔术师给它涂上了迷人的色彩，使它习习发光。现实中展现在我眼前的，却是年久失修……活像是迷宫的大杂院。"❺有关人们童年时期"家"的记忆能够在幻想中使人们听见在内心深处遥远的声音，这种声音每个人都可以听见，但是对个人来说却是独特记忆所能达到的极致，甚至超出记忆的范畴，它是一种远古和无法记忆的声音。人们向他人所能表达的是一种意向性，这种意向性指向那种无法客观表达和告知的秘密，这个秘密就是从来没有彻底的客观性。梅洛-庞蒂说："成功的表达活动不仅为读者和作家本人提供一种记忆辅助物，而且还使意义作为一个物体在作品的中心存在，使意义在词语的结构中永存，使意义作为一种新的感官置于作家或读者中，并向我们的体验开辟一个新的场或一个新的领域。"❻

　　梅洛-庞蒂认为只有当记忆不是对过去具有构成能力的意识，而是通过现在的蕴涵重新打开时间的努力时，身体在记忆中的作用才能被理解。身体在记忆中的功能就是人们在运动的启动中发现的同一种功能：身体把某种运动本质转变为声音，把一个词语的发音方式展开在有声现象中，把

身体重新摆出的以前的姿态展开在整个过去中，把一种运动的意向投射在实际的动作中，因为身体具有一种自然表达的能力。❶

　　回忆的发生通常也是一种对过去体验的再经历和现时化，也就是重现过去，并将过去当下化。回忆这种对过去体验的当下化通常牵涉到场所和空间。回忆经常发生在心智处于沉思冥想的状态中。在这种沉思冥想的状态中，记忆中出现的当下化的场所空间状态具有很强的真实性，记忆中的场所空间和生活现象都很真实。这种现象自身也是通过光影、气氛、色彩、尺度和空间组成的。文人笔下常有对这种现象和体验的精彩描写。黄纪苏在回忆《切·格瓦拉》的创作经过时有这样一段话："转过年的春节，在沈林家，广天、沈林，还有我再度谈起这件事。那天晚上主要是他们两位逸兴飞扬地说个不停。黄色的灯光下没有了时态，上下古今混为一谈，我坐在明暗交界处思接千载，恍然不知身在何处。"❷在这个场景中，光影（"黄色的灯光下"）、中心和空间的划分与限定（"明暗交界处"），沉思冥想中的时空错位和当下化（"上下古今混为一谈"，"思接千载，恍然不知身在何处"）都体现了知觉和体验回忆的复杂时空现象。这种个人化的回忆情景对于熟悉所描写内容和情景的人来说又具有另一番具体的感受。由于纪苏所描写的是笔者所了解的环境、情景和所呈现的光影现象，因此那"黄色的灯光"给我带来的回忆便还有具体的空间、家具和气氛。重要的是，所有这些都是定格而又浑然一体的。这大概与那种被霍尔称之为"纠结的经验"，而梅洛-庞蒂称之为"现象场"的内容的回忆有关。回忆的体验所呈现的是那种"重新发现现象，重新发现他人和物体得以首先向我们呈现的活生生的体验层"。❸所谓回忆中所呈现的景象（意象）的"定格"性质是指这种景象具有固定性，空间、光影和气氛成为一种浑然的整体。"定格"的性质是因为身体不再能够进入回忆的"情景空间"中去重新体验时空。正如我们前面谈到的，完整的知觉需要运动中的身体的参与，回忆和沉思冥想不再能够使身体参与其中。在上述描述中，"黄色的灯光"界定了"明暗"的"交界处"，也就是说那盏灯和光线创造和划分了空间，在空间单一的室中区分出"明"空间与"暗"空间。明暗空间的区分实际上也起到了划分中心和边缘空间的目的。从均质空间中区分出"中心"使空间场所化，这在本书第一部分"场所的'中心'化"一节中有所阐述。

　　查尔斯·穆尔道出了体验与记忆的关系。他认为人们将自己的内在世界注入在外部世界所感受到的人、场所和事件，并且将这些事件与感情联系起来。犹如身体，作为中心场所的住宅积聚了具有感情特点的记忆，而不仅仅是数据。经年累月的仪式在建筑的墙上留下了印痕，并且形成了室内形式和室内仪式器物，这些都为人们进入过去的经验和体验提供了入口。住宅中的这种"微观"场所使得人们的记忆自身可以被仪式化，使属于家庭的新的

❶ 莫里斯·梅洛-庞蒂著，姜志辉译，《知觉现象学》，商务印书馆，2005，第236-237页。

❷ 黄纪苏. 我所参加过的几次戏剧活动、所接触过的一些朋友. 新剧本. 2000（4）.

❸ 同上：87.

❶ Kent C Bloomer, Charles W. Moore, Body, Memory, and Architecture. New Haven and London: Yale University press, 1977: 50.

❷ Wang Shu.Memories, Dream, Time. Imagining the House. zurich: Lars Muller, 2012.

❸ Wang Shu.Memories, Dream, Time. Imagining the House. zurich: Lars Muller, 2012.

❹ Vincent Scully. The End of the Century Finds a Poet// Peter Arnell, Ted Bickford ed. Aldo Rossi Buildings and Projects. New York: Rizzoli, 1985.

❺ Aldo Rossi. A Scientific Autobi-ography. Cambridge, MIT Press, 1984.1.

记忆得以积累并重新得到体验。作为住宅的中心，场所可以被理解为一个外在于住宅和家的世界的记忆被引入和"驯化"、保护和再体验的场所❶。王澍在设计中对记忆给予了强烈的关注，在谈到象山园区的设计时，他说："如果真的不能发明某种建筑类型，那么我所设计的中国建筑类型一定来自我的记忆，如同普鲁斯特写作《追忆似水年华》。对记忆的回想始于那些被忽视了的细节，例如下雨时在一间房子深挑的屋檐下与友品茗。"❷寻找建筑的记忆是王澍设计的一个主题，在设计宁波博物馆时，面对被拓平了的稻田和村庄，他问道："如何回想人们的记忆与精神？"❸为了将消失的记忆、触觉和过去的时间收集和保存起来，他选择了从被推倒了的废墟中将过去的材料收集起来，用在新博物馆的建造上。

　　对感知和体验的记忆是令人感动和难以忘怀的建筑所特有的，在该领域进行建筑实践且卓有成效的建筑师有罗西和海杜克（John Hejduk）等。罗西的建筑是有关记忆的（图82），维森特·斯库利（Vicent Scully）称罗西的建筑形式不是制作的，而是从记忆中得来的。❹这些形式也来自于他对日常生活中事物的体验，罗西认为对事物的观察一直是他最主要的教育。随后，观察便转变为对事物的记忆。罗西的建筑图表现出了一种对记忆的神秘性的探索。他说："每个夏天对我来说都似乎是去年的夏天。这种没有衍化、停滞的状态也许可以解释我的许多作品。"❺在他的建筑记忆中，感知转化为记忆。记忆中的对象是记忆中形状的海洋，这些记忆中的形状最终都涌进来为他所用。它们又像一个目录，该目录位于想象和记忆之间。罗西采用建筑的类型来处理记忆的建筑。他认为，每

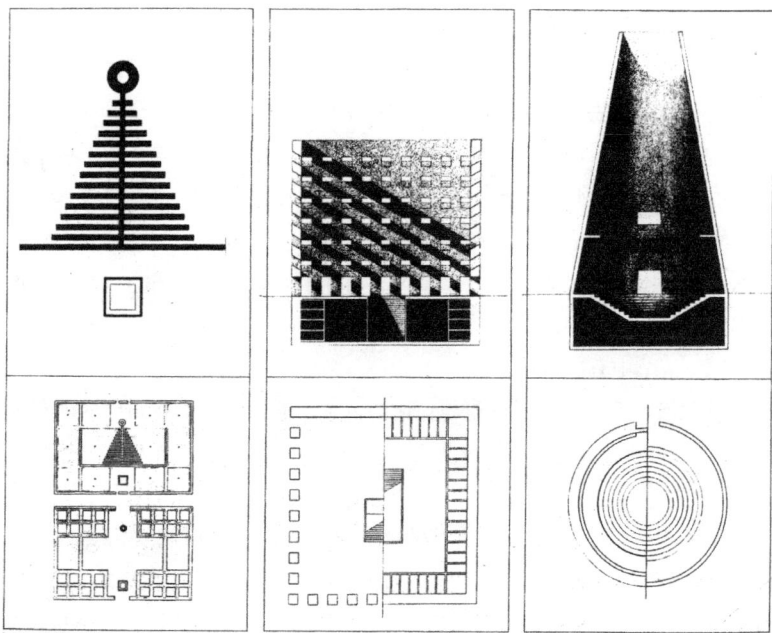

图82　罗西：莫德纳圣·卡塔尔多墓地

个时代，尤其是技术日新月异的时代，建筑的类型总是相对稳定的，它独立于形式、思想和技术等范畴变化之外。这种保持人类生活相对稳定的结构或建筑类型十分重要，它保证了文化意义的持续性。其作用犹如相对稳定的语言对人类稳步发展所起的作用。建筑的历史并不像现代主义所认为的那样是一个阶段代另一个阶段，一种形式和风格代替前一时期的形式与风格，而是之前若干阶段的建筑在下一阶段中同时存在。就是说，在城市和建筑历史中，历史并不是"历时性"的，而是"共时性"的，我们可以在今日具有历史文化的城市中证实这种现象。

　　这种历史现实对人们的心智影响很大，从而决定人们有关环境、城市和建筑的心智形象并进而影响人们对环境的塑造活动。这种心智形象就是人们的"集体记忆"。"集体记忆"并不是某一代或某时期人类心智记忆的产物，而是整个人类文明史和改造环境历史的整体产物。每个历史阶段的人们都为这个整体、这种"集体记忆"增加新的内容。"集体记忆"在人类历史文化中由作为个体和群体的人类以口述、文字、操作实践和人工环境的形式保持下去。由于个体生命的历程与物理环境比较相对短暂，因此相对持久的物质环境形式得以取代人们的记忆并进而影响对环境的塑造活动，从而保持了环境的相对稳定。罗西认为城市类型其实是"生活在城市中人们的集体记忆，这种记忆由人们对城市中空间和实体的记忆组成。这种记忆反过来又影响对未来城市形象的塑造……因为当人们塑造空间时，他们总是按照自己的心智意象进行转化。同时他们也遵循和接受物质条件的限制。"

　　罗西试图在建筑中包含时间（过去和未来），这是一种无言而又永恒的形式。他试图通过城市制品的简洁形式唤起永恒使用的观念。他用"记忆"代替历史，"集体记忆"使罗西将类型思想进行特殊的转化，将记忆引入客体，客体就具有了思想，也具有了对思想的记忆。这样，时间、记忆、客体就与类型结合了起来。罗西将类型学作为基本的设计手段，通过它赋予建筑以长久的生命力和灵活的适应性，并由此沟通城市和建筑尺度之间的关系。他认为建筑的内在本质是文化习俗的产物，文化的一部分被编译（码）进表现的形式中，但绝大部分被编译进类型中。这样，表现就是表层结构，类型则是深层结构。他认为可以从历史上的建筑中抽取出类型，而抽取出来的必然是某种简化还原的产物（抽象的产物），因此，它不同于历史上的任何一种建筑形式，但又具有历史因素，至少在本质上与历史相联系。这种在精神和心理上抽象出来的结果被称为"原型"。荣格认为原型是共有的，这样类型学就与集体记忆联系了起来，并不断地将问题带回到建筑现象的根源上去。

　　城市纪念物之所以成为纪念物，在于其个体制品被保存了下来。纪念物的物质形式使人们产生有关个性和场所的意识，它是历史的记录和记忆的储存库。纪念物是将记忆以物质的痕迹的形式记录下来，它记录了事件，事件在组成城市的物体上留下了印迹。罗西将纪念物定义为城市中的基本要素，纪念物作为具有象征功能的场所，其性质与城市中的另一要素——住宅区别开来。作为城市中的永久和基本要素，纪念物与城市的生长辩证地联系了起来。罗西将基本要素定义为"既能延缓也可以加速城市都市化进程的要素"。当纪念物延缓了都市化的进程，它就是一种"病理症候"。病理症候尽管是持久的，却不能适应变化的条件，因此，时间在其上就是终止、固定和凝结的。城市中的"持久"要素有时也是"推进性"的，"推进性"要素将过去带入现在，从而提供了一种可被经验的过去。"推进性"要素与都市化进程同步，不受制于原初的功能，也不被关联域所限制，它因形式存在了下来，其基本形式在变化的功能中保持不变，其作用则近似支撑点。这种形式有能力超越时间，适应不同的功能。罗西感兴趣于"推进性"要素和场所，认为场所不仅由空间决定，而且由其所具有的历史和最近事件持续不断地在同一地点发生所决定。每个新的活动都含有对过去的回忆和对未来潜在的"记忆"。城市是人们对它的集体回忆。这样，人与城市之间的关系就是现行决定的。无论是城市制品的集体回忆还是个人的独特记忆，开始时均构成同样的城市结构。在该结构中，记忆是对城市的意识与知觉。罗西认为当形式与功能相分离，而仅有形式保持生命力时，历史就转化为了记忆的王国。历史结束，记忆开始。历史由事件的集体记忆组成，城市被赋予形式的过程便是城市历史，持续的事件构成了城市的记忆。"城市精神"存在于它的历史中，一旦该精神被赋予形式，它就成为场所的标志和记号，记忆则成为结构的引导。这样，记忆代替了历史，城市建筑便在集体记忆的心理学构造中被理解。

　　罗西试图在城市中创造强烈的、不可言说的、沉静的结构。该结构是事件发生的舞台，也是未来变化的框架。作为"集体记忆"的所在地，城市交织着历史的和个人的记录。当记忆被某些城市片断触发，过去所遇到的经历就会与个人的记忆和秘密一起呈现出来。❶罗西从该观点出发并结合对城市组成部分的研究形成了"类似性城市"的观念和类型学理论。这种思想在一定程度上受荣格对集体无意识研究的影响。"集体记忆"可说是"集体无意识"在城市研究中的变体，它们都研究人类心理。"集体记忆"用于分析描述无法从个人经验中推演出来的内容和现象，荣格选择"集体"这个术语是因为它不是个人的，而是普遍的，是任何人都具有的那种对或多或少具有相似内容和样式的记忆。换言之，它在所有人中是相同的，因此构成了超越个人的共同心理基质，并通过每个人表现出来。因此，"集体无意识"又与"原型"相联系。这表明在精神中存在着某些时常出现的形式。集体无意识被描绘成无数同种类型的经验在心理上残存下来的沉淀，罗西的城市"集体记忆"概念具有相似的性质。由于集体无意

❶ P. Buchanan. Aldo Rossi: Silent Monuments. AR, 1982.

识和记忆由同一社会组团的人们所共有，故有相似之处。个人的城市记忆虽因人而异，但总体上具有"血缘"的相似性。因此，不同的人所描绘的记忆中的城市具有本质的"类似性"。这就是"类似性城市"的思想和哲学基础。这种"类"的概念与现象学所讨论的"主体间性"有着一定的内在联系。弗洛伊德有关将不同历史时期的建筑并置的哲学思想对罗西的"类似性城市"也有着影响，弗氏说："现在假设罗马不是一个人类居住地，而是有着同样悠久和丰富历史的心理存在，就是说在此存在中曾经出现过的将不再消失，发展的早期阶段与较晚阶段共同存在……如果我们希望在空间领域表现历史的顺序，在空间中就只能用并列的方法来表达它，因为同样的空间不能有两个不同的内容，这揭示了借助形象化的手段距离掌握心智生活的特性有多么的遥远。"❶因此，伟大的形象有历史，也有史前史，它们是一种记忆和神话的混合。

　　人们都有心不在焉的体验，此时凝视的目光穿越了物质形象的表面，集中在无限和永恒上。因此，胡塞尔说："意识是一条体验流，即一种流动的多样性。但是，许多不同的体验都是作为'我的体验'被我意识到的。这些体验都包含在这种属于'我'的属性中，它们构成统一。"❷巴什拉认为所有的记忆都需要被再形象化才能够被重现❸，而这些形象基本上是由光线、阴影和黑暗中闪烁的光芒组成的。如果我们考查那些能够使回忆走向更遥远的过去的形象，那么那些强烈的视觉形象通常是与所经验到的建筑和空间，尤其是家园的场所与空间紧密地联系在一起的。那些更为朦胧和模糊但又时常浮现出的感受则需要我们走向"诗"的境界，它强有力地向人们证实了那些人们永远失去了的"家"与住宅仍然在人们心底存在。我们的记忆具有可以在突然间承接各种各样的活灵活现的存在的可能性的能力。如果我们在记忆中保存了梦的要素，如果我们超越了仅仅对确定和准确回忆的重组，那么，我们那些在迷茫的时间长河中流逝的"家"和住宅将从记忆的"阴影"中重新浮现出来。我们不需要重新组织这些记忆，它们将永远伴随着温馨、亲切和私密的感受，记忆将重新发掘出整体的"家"与居所的本质。这时，某种好似在流动的东西采集了我们的记忆，我们自身则溶解在这种流动的过去中。里尔克（Rilke）有过这种亲切融合的体验，他在谈到失去的住宅与存在的融合时说道："我再也没有看到这个奇怪的房屋。确实，正如我现在所见到的，那种在我儿时眼中所呈现的方式，它不是一个整体的房屋，而是溶解后分布在我身体中的某种东西：这里一间房间，那里一间房间，这里有一段过道走廊，虽然走廊没将这两间房间连接起来，却以片断的形式保存在我的身体中。因此，这个整体的事物散布在我的身体中。"❹

　　这样，记忆溶解在人们身体中，与所有其他先前的记忆融合起来成为一个整体，这种记忆对生活和环境的感知和心智图式构成起着决定性作

❶ P. Eisanman.The Architecture of the City. Cambridge, MIT Press, 1982: 35-41.
　　罗西有关"记忆"的论述，见：沈克宁.意大利建筑师阿尔多·罗西.世界建筑，1988（6）.
　　周凌.空间之觉：一种现象学.建筑师.

❷ 胡塞尔著，黑尔德编.生活世界现象学.倪梁康，张廷国译.上海：上海文艺出版社，2005.19.

❸ Gaston Bachelard. The Poetics of Space. trans. Maria Jolas.Boston: Beacon Press, 1969: 175.

❹ 同上：57.

❶ Kenneth Frampton. Modern Architecture: a Critical History. New York: Thames & Hudson, 1990: 318.

❷ Alvaro Siza, Barragan the Complete Work. New York. Princeton Architectural Press, 2003: 11.

用。巴拉干在回忆童年时期在墨西哥乡间自家农舍时说，乡村"散发出一种童话般的气氛。不，那里没有照片。只有对它的记忆。"❶如果说罗西的建筑是有关记忆的，那么与巴拉干相比，罗西的建筑记忆更是图面和二维的（图83～图85），巴拉干的则是体验、三维和真实的（图86）。西扎在为巴拉干的作品集所写的前言中说：巴拉干的作品没有一件是永恒的，它有赖于人们受到存在的启发而获得自己的体验，或其他人的体验。正如周而复始，以不同的方式一再重修的庙宇，这种不断退蚀的建筑，在记忆中被重新构造出来，在废墟中得以面对，在地下遗存的丰富的壁画中展现。❷

图83　罗西：威尼斯双年展"世界剧场"（上左）

图84　罗西：威尼斯双年展"世界剧场"（上右）

图85　罗西：威尼斯双年展"世界剧场"（下左）

图86　巴拉干：贝尔广场和喷泉（下右）

❸ Peter Zumthor. Thinking Archit-ecture. trans. Maureen Oberli-Turner. Baden: Lars Muller, 1998: 17.

　　卒姆托说："当我们注视着那些内部自身平静的物体和建筑时，我们的知觉就变得安详和迟钝。我们观察到的对象对我们来说没有信息，它们仅是简简单单地在那里。我们的知觉器官变得安静，不带偏见和没有欲望。这种知觉超越了符号和象征，它们是开放和通彻的，好似可以从某种我们无法在其上集中意识的事物上看出什么。在这里，在这种知觉的真空中，一种记忆，那种好似从时间深处生发出来的记忆，得以出现。"❸这样，记忆在感知的和体验的建筑现象中就占据着重要的位置。

结语：综合的知觉与整体的体验

当代社会中，科学和技术的发展，现代交通工具的普遍使用，使得以地球为界限的空间和世界显得越来越小。同时，新空间的发现和探索，宇航及太空实验，生物和微观世界的探索，使得人们的知觉世界更为广阔。现代交通工具和现代材料的广泛使用，不同空间组织方式和新材料的出现，新视界和新视角的出现，时空观的变化等，都为新颖的体验和体验方式提供了条件。新世纪的知觉体验是一种综合、全面的体验，霍尔和帕拉斯玛的著作对这种知觉体验论述得比较充分。霍尔的"纠结的体验"是对当代动态生活真实和充分的写照。将建筑和空间作为一种动态的知觉，而非静态的"存在"是霍尔和帕拉斯玛根据梅洛-庞蒂现象学发展出的现象学建筑观与诺伯格-舒尔茨等人根据海德格尔哲学发展出来的存在现象观之间的根本区别。

建筑现象学首先讨论建筑在特定场所中的"锚固"，如果一座建筑没有解决好与场所的关系，没有锚固于该特定场址中，也就是卒姆托所批评的："如果一个建筑仅仅谈及当代潮流和复杂的视像，而没有触发与场所的共鸣，那么该建筑就没有锚固在其场所上，因为它缺少建筑赖以立足的特殊引力，缺少它立足于该地点的特殊引力。"为解决建筑的锚固问题，诺伯格-舒尔茨采用海德格尔的此在现象学哲学思想而发展出了一整套"定居"理论。建筑（设计）锚固问题之重要性在卒姆托和霍尔等建筑师的设计思想和理论中已阐述得十分透彻，如果没有这一步，建筑现象学的第二步，即强调建筑知觉的现象学就没有意义了。人们纵然有五光十色、眼花缭乱的空间知觉，但那仅是无本之木，无花之果，所产生的只能是浮光掠影，如过眼烟云。那稍纵即逝的空间知觉并没有借以锚固的根基。如果第一步的问题得到圆满解决，那么，在第二步，当建筑师面对大量建筑与空间知觉的塑造与营建的具体问题时，便可立足在一个坚实的基础上。由于建筑现象学的第二步（第二个领域）是建筑师设计中需大量处理的问题，因此得到人们的广泛重视。

自20世纪90年代中后期开始，霍尔认识到当代科学发展对城市空间产生的影响为城市和建筑知觉提供了多样和新颖的可能性，导致了人们的空间知觉的变化并对城市体验造成了深远的冲击，从而导致了他的建筑现象学观点的转向。他认为，当人们从城市空间中经过，人们总是动态地在一个相互交叠的透视网络中运动的。当身体前行，不同的视角展现又消失，近处和远处的物体之间的变化运动形成了一种总在变化的被霍尔称为"视差"的景观建构情景[●]。

● Steven Holl.Parallax. New York: Princeton Architectural Press, 2000: 12.

虽然霍尔认为空间体验由知觉产生，时间似乎成为一种不显明的因素，但任何感知都是内在地与时间结合在一起的。时间是以"绵延"的形式被感知的。时间的"绵延"是一种流动的时间，它与存在的体验纠结在一起，在时间的绵延中，过去、现在和未来结合在一起。这样，时间只能通过与一种过程或一个现象的关系而被理解。●当代新时间和空间的现象体验有如下几项对人们的建筑和空间知觉产生影响：①当代世界所提供的弹性视域（Elastic Horizongs）；②材料的物理化学性质（Chemistry of Matter）；③光痕与色差空间（Chromatic Space）；④交织的知觉和纠结的体（Enmeshed Experience）。❷

❶ Steven Holl. Parallax. New York: Princeton Architectural Press, 2000.

❷ Steven Holl. Questions of Perception-Phenomenology of Architecrue. Steven Holl, J. Pallasmass, A. Perez-Gormez. Questions of Percetion-Phenomenlogy of Architecture. Architecture and Urbanism, 1994.

　　梅洛-庞蒂的《知觉现象学》中如下几个主题与建筑现象学关系较为密切：身体、被感知的世界、空间性和时间性，这几个主题也是霍尔和帕拉斯玛等在建筑和空间领域仔细研讨的。实际上，他们试图处理的是主观与客观统一的空间、时间和世界。主观与客观的结合点就是人们的知觉和体验之所是的空间、时间和世界。现象学试图解决主体与客体的统一问题，梅洛-庞蒂更进一步用身体和知觉解决了主体与客体、主观与客观的统一问题，强调知觉的建筑现象学采用梅洛-庞蒂的知觉现象学作为思想武器衍生出了建筑理论的新一页。在令人难以忘怀的建筑经验中，时间、空间和物体融合进一个有机整体中。光线、阴影、肌理、质感和色彩通过身体的全部知觉综合为完整的保持在记忆中的独特体验（图87、图88）。在这样的体验中，那种寂静、沉思冥想和持久永恒的感觉沉淀在记忆和身体中。这种体验不受时间、空间和地点的限制，成为了永恒回忆的记忆经验。这种记忆经验时常为人们"当下化"，从而成为一种超越的体验。在建筑现象学的思考中，人们认同特定的（这个）场所，特定的（这个）空间和特定的（这个）时间。所有这些特定的性质和内容都是人们自己独特存在的组成要素。建筑和空间通过身体的感觉来调节我们自身与外在世界的关系。人们总是希望能够将身体、感觉和体验的记忆带入下一轮的建筑与空间创造中。

图87　记忆：综合体验（颐和园后湖）（左）

图88　记忆：综合体验（颐和园后湖）（右）

　　建筑现象学重视人类在日常生活中对场所、空间和环境的感知和体验。人生经验用具体环境中的生活故事来构成。过去的生活经历在人生旅程中成为浓缩的片段记忆。生活和建筑的经验是用一生来感受并积累的，故而生活和建筑的体验由记忆和不断变化的瞬时知觉和感受组成的。人对场所、空间和环境的知觉由对环境瞬时、易于变化的知觉以及对过去的知觉的记忆组成。在寂静中沉思冥想并回忆和体验生活经验是把握真实和本质的建筑现象的可靠来源，在这种情状中体验的"现象"是一种纯粹意识的自我观照。在这种对意识的自我观照中，人们得以对现象如何在意识中呈现以及意识中现象的构成方式等问题进行反思。知觉系统对生活世界和场所空间的各种微妙知觉以及对不断变化的现象世界的感知是丰富多彩的生活的真实基础和惟一源泉。

参考书目

英文书目

1. Tadao Ando.Shintai and Space.The Journal of the Columbia University Graduate School of Architecture, Planning and Preservation. Rizzoli，1986：16.

2. Tadao Ando. From Self Enclosed Modern Architecture Towards University. The Japan Architect.1992.

3. Tadao Ando.The Wall as Territorial Delineation.The Japan Architect.1978.

4. Gaston Bachelard. The Poetics of Space. Trans. Maria Jolas. Boston：Beacon Press, 1969.

5. Henry Bergeson. Matter and Memory.Translated by N.M. Paul & W.S. Palmer. New York：Zone Book, 1991.

6. Myriam Blais Blais. Invention as Celebration of materials. Chora 3: Intervals in the Philosophy of Architecture. //Alberto Perez-Gomez, Stephen Parcel ed. Montreal: McGill-Queen's University Press, 1999.

7. Kent C. Bloomer, Charles W. Moore. Body，Memory, and Architecture. New Haven and London: Yale University Press, 1977.

8. P. Buchanan.Aldo Rossi: Silent Monuments. AR. 1982.

9. Ricardo L.Castro.Sounding the Path: Dwelling and Dreaming. Chora 3: Intervals in the Philosophy of Architecture. //Alberto Perez-Gomez, Stephen Parcel ed. Montreal: McGill-Queen's University Press, 1999.

10. Italo Calvino.Under the Jaguar Sun. A Harvest Book, Harcourt, Inc, 1986.

11. Gilles Deleuze.Cinema 2 The Time-Image. Trans. Hugh Tomlinson and Robert Galeta. Minneapolis: University of Minnestoa Press, 1989.

12. K. D. Dovey.Putting Geometry in its Place: Toward a Phenomenology of the Design Process.// D. Seamon. Ed., Dwelling, Seeing and Design: Toward A Phenomenological Ecology. Albany: State University of New York Press, 1993.

13. Mircea Eliade. Cosmos and History: The Myth of the Eternal Return. Trans. Willard R. Trask. New York: Harper & Row Publisher, 1959.

14. Mircea Eliade. The Sacred and the Profane: The Nature of Religion. Trans. Willard R. Trask. Harcourt Brace Jovanovich, 1959.

15. J.Fenton, Steven Holl. Hybrid Buildings. New York/San Francisco: Pamphlet Architecture #11. 1985.

16. Kenneth Frampton.Modern Architecture: a Critical History. New York: Thames

& Hudson, 1990.

17．Kenneth Frampton. Studies in Tectonic Culture. Cambridge, Mass.: MIT Press, 1995.

18．Jonathan Hale.Cognitive mapping: New York vs Philadelphia.// Neil Leach. The Hieroglyphics of Space: Reading and Experiencing the Modern Metropolis. New York: Routledge 2002.

19．Edward T. Hall. The Hidden Dimension. New York: Anchor Books, 1969.

20．K. Harries. Thoughts on a Non-Arbitrary Arcrhitecrure.// D. Seamon. Ed., Dwelling, Seeing and Design: Toward A Phenomenological Ecology. Albany: State University of New York Press, 1993.

21．Martin Heidegger. Building, Dwelling, Thinking. Poetry, Lanuage Thought. NY: Harper & Row, 1971.

22．Martin Heidegger. The Question Concerning Technology and Other Essays. Trans. William Lovitt. New York: Harper & Row, 1977.

23．John Hejduk. Mask of Medusa. New York: Rizzoli, 1989.

24．John Hejduk. Soundings. New York: Rizzoli, 1989.

25．Steven Holl. The Alphabetical City. New York/San Francisco: Pamphlet Architecture #5, 1980.

26．Steven Holl. Rural and Urban House Type. New York/San Francisco: Pamphlet Architecture #9, 1983.

27．Steven Holl. Anchoring. New York: Princeton Architectural Press, 1989.

28．Steven Holl, J. Pallasmass and A. Perez-Gormez.Questions of Percetion – Phenomenlogy of Architecture. Architecture and Urbanism, July 1994 Special Issue.

29．Steven Holl. Parallax. New York: Princeton Architectural Press, 2000.

30．Steven Holl. Intertwining. New York: Princeton Architectural Press, 1996.

31．C. Howetti. "If the Doors of Perception were Cleansed" Toward an Experiential Aesthetics for the Design Landscape.// D. Seamon. Ed., Dwelling, Seeing and Design: Toward A Phenomenological Ecology. Albany: State University of New York Press, 1993.

32．Dan Huffman. Architecture Studio. Cranbrook Academy of Art 1986-1993. New York: Rizzoli, 1994.

33．Edmund Husserl. The Paris Lectures. Hague: Martinus Nijihoff, 1975.

34．James J. Jibson. The Perception of the Visual World. Cambridge, Mass.: The Riverside Press, 1950.

35．J. Kockelmans. Phenomenology, the Philosophy of Edmund Husserl and it's Interpretation. New York: Anchor Books, 1967.

36．Kent Larson. Louis I. Kahn, Unbuilt Masterworks. New York: The Monacelli Press, 2000.

37. D. R. Lee. In Search of Center. Landscape Vol.21, No.2.

38. Liane Lefaivre, Alexander Tzonis. Critical Regionalism. New York: Prestel, 2003.

39. Lars Lerup. After the City. Cambridge, Mass.: MIT Press 2000.

40. Henri Lefebvre. The Production of Space. Trans. Donald Nicholson-Smith. Oxford: Blackwell, 1991.

41. Kevin Lynch. Managing the Sense of a Region. Cambridge, MIT Press, 1991.

42. Kevin Lynch. The Image of the City. Cambridge, MIT Press, 1960.

43. Michel Moussette. Gordon Matta-Clark's Circling the Circle of the Caribbean Orange.// Alberto Perez-Gomez, Stephen Parcell Ed. Chora Four: Intervals in the Philosophy of Architecture. Montreal: McGill-Queen's University Press, 2004.

44. Kate Nesbitt. Theorizing a New Agenda for Architecture an Anthology of Architectural Theory 1965-1995. New York: Princeton Architectural Press, 1966.

45. Maurice Merleau-Ponty. The Primacy of Perception, Ed. James M.Edie. Evanston: Northwestern University Press, 1964.

46. Maurice Merleau-Ponty. Phenomenology of Perception. Trans. by Colin Smith. Routledge: London and New York, 1962.

47. Rafael Moneo. Anxiety and Design Strategies in the Work of Eight Contemporary Architects. Cambridge: MIT Press, 2004.

48. C. Norberg-Schulz.Genius Loci: Toward A Phenomenology of Architecture. New York: Rizzoli, 1980.

49. Christian Norberg-Schulz. The Concept of Dwelling. New York: Electa/ Rizzoli, 1993.

50. Alberto Perez-Gomez, Louise Pelletier.Architectural Representation and the Perspective Hinge. Cambridge, Mass., 1997.

51. Juhani Pallasmaa. The Eyes of the Skin, Architecture and the Senses. Wiley-Academy, 2005.

52. Philip Jodido. Alvaro Siza. Taschen, 2003.

53. Steen Eiler Rasmussen. Experiencing Architecture. Cambridge: MIT Press, 1964.

54. A. Rapoport. Human Aspects of Urban Form. Pergamon Press, 1977.

55. Edward Relph. Modernity and the Reclamation of Place.// Seamon D. ed.. Dwelling, Seeing and Design: Toward A Phenomenological Ecology. Albany: State University of New York Press, 1993.

56. Edward Relph. Place and Placelessness. London: Pion Limited, 1976.

57. Edward Relph. An Enquiring into the Relations Between Phenomenology and Geography. Canadian Geographer 14.

58．Edward Relph. Geographical Experiences and being-in-the-world: The Phenomenological Origins of Geography.// D. Seamon, R. Mugerauer eds.. Dwelling, Place and Environment. NY: Columbia University Press, 1989.

59．Paul Rispa. Barrgan: the Complete Works. New York: Princeton Architectural Press, 2003.

60．Aldo Rossi. Scientific Autobiography. Cambridge, Mass: MIT Press, 1984.

61．Aldo Rossi. The Architecture of the City. Cambridge, Mass: MIT Press, 1984.

62．Geoffrey Scott. The Architecture of Humanism. N.Y.: Doubleday & Co., 1954.

63．Scully, D. Seamon, Mugeraure R. Eds. Dwelling, Place & Enviornment. NY: Columbia University Press, 1989.

64．D. Seamon. Architecture, Experience, and Phenomenology: Toward Reconciling Order and Freedom. R. Ellis. Paper No.2 Person-Environment Theory Series. Berkeley: Center for Environmental Design Research, University of California, Berkeley, 1990.

65．D. Seamon. The Phenomenological Contribution to Environmental Psychology. Journal of Environmental Psychology.1982.

66．D. Seamon. Phenomenology and Vernacular Lifeworlds.// D. G. Saile ed.. Architecture in Cultural Change. Kansas: School of Architecture, University of Kansas. 1986.

67．D. Seamon. Humanistic and Phenomenological Advances in Environmental Design. The Humanistic Psychologist, 17.1989.

68．Vincent. The End of the Century Finds a Poet.// Arnell, Peter and Bickford, Ted eds. Aldo Rossi Buildings and Projects. New York: Rizzoli, 1985.

69．Herbert Spiegelberg. The Phenomenological Movement: A Histovical Intvoduction Hague: Martinus Nijhoff, 1982.

70．Herbert Spiegelberg. The Context of the Phenomenological Movement. Hague: Martinus Nijhoff, 1981.

71．Manfredo Tafuri. Architecture and Utopia: Design and Capitalist Development. Trans. Barbara Luigia La Penta. Cambridge: MIT Press, 1976.

72．Junichiro Tanizaki. In Praise of Shadows . Trans. Thomas J. Harper and Edward G. Seidensticker. New Haven: Leete's Island Books, 1977.

73．Yi-Fu Tuan. Geograph, Phenomenology and the Study of Human Nature. Canadian Geographer.

74．Yi-Fu Tuan. Topophilia: A Study of Environment Perception. Prentice-Hall, 1974.

75．Yi-Fu Tuan. Space and Place. London: Edward Arnold, 1977.

76．Alexandra Tyng. Beginnings, Louis I. Kahn's Philosophy of Architecture. New York: John Wiley & Sons, 1984.

77．Shu Wang. Memories, Dream, Time. Imagining the House. zurich: Lars Muller, 2012.

78. Peter Zumthor.Thinking Architecture. Trans. Maureen Oberli-Turner. Baden: Lars Muller, 1998.

79. Peter Zumthor. Peter Zumthor Works. Baden: Lars Muller, 1998.

80. Peter Zumthor. Atmospheres: Architectural Environments Surrounding Objects. Basel: Birkhauser, 2006.

中文书目

1. 柏格森. 时间与自由意志. 吴士栋译. 北京：商务印书馆，2007.

2. 邓云乡. 云乡漫录. 石家庄：河北教育出版社，2004.

3. 吉尔·德勒兹. 电影2时间-影像. 谢强，蔡若明，马月译. 长沙：湖南美术出版社，2004.

4. 范锦荣编. 张中行选集. 呼和浩特：内蒙古教育出版社，1995.

5. 傅熹年. 战国中山王出土《兆域图》及其陵规制研究. 考古学报，1980（2）.

6. 盖里·蒂文斯. 建筑科学在后退吗？. 王千翔译.华中建筑，1994.（3）.

7. 海德格尔. 建居思. 陈伯冲译. 建筑师.

8. 海德格尔. 海德格尔存在哲学. 孙周兴等译. 北京：九州出版社，2004.

9. 黄纪苏. 我所参加讨的几次戏剧活动、所接触过的一些朋友. 新剧本，2000（4）.

10. 莫里斯·梅洛-庞蒂. 知觉现象学. 姜志辉译. 北京：商务印书馆，2005.

11. 倪梁康. 现象学及其效应. 北京：三联书店，1994.

12. 彭怒，支文军，戴春编. 现象学与建筑的对话. 上海：同济大学出版社，2009.

13. 秦都咸阳第一号宫殿建筑遗址简报. 文物. 1978（11）.

14. 杨洪勋. 战国中山王陵及兆域图研究. 考古学报，1980（2）.

15. 禹食. 美国建筑师斯迪文·霍尔. 世界建筑，1993（3）.

16. 文洁若. 生机无限. 北京：北京十月文艺出版社.

17. 张郎郎. 大雅宝旧事，上海：文汇出版社，2004.

图片出处

图1~图5，图7~图9，图16~图19，图22~图55，图58~图61，图74~图76，图79~图81，图87、图88系笔者所摄。

图6、图62、图86：RISPA R. Barragan. The Complete Works ［M］. New York: Princeton Architectural Press, 2003.

图10、图11、图67：ZUMTHOR P. Peter Zumthor Works, Buildings and Projects 1979-1997 ［M］. Barden：Lars Muller Publishers, 1998.

图12~图15，图65：HOLL S. Anchoring ［M］. New York, Princeton Architectural Press, 1989.

图20：HEJDUK J. Vladivostok ［M］. New York: Rizzoli, 1989.

图21，图68~图70：BOESIGER W, GIRSBERGER H. Le Corbusier 1910-1965 ［M］. New York: Frederick A. Praeger Publisher, 1967.

图56，图57b：HEJDUK J. Soundings, a Work by John Hejduk ［M］. New York: Rizzoli, 1993.

图57a：HEJDUK J. Mask of Medusa ［M］. New York: Rizzoli, 1985.

图63、图78：ANDO T, PARE R, HENEGHAN T. Tadao Ando: the Colors of Light ［M］. London: Phaidon Press, 1996.

图64、图71、图72：ANDO T, FENH S, GOTZ A.LELLAU D, WOLF G. The Secret of the Shadow: Light and Shadow in Architecture ［M］. Deutsches Architektur Museum, 2002.

图66、图73：HOLL S. Parallax ［M］. New York, Princeton Architectural Press, 2000.

图77：HOLL S. Intertwining ［M］. New York, Princeton Architectural Press, 1996.

图82~图85：ROSSI A. Buildings and Projects ［M］. New York, Princeton Architectural Press, 1985.

图书在版编目（CIP）数据

建筑现象学/沈克宁著. —2版. —北京：中国建筑
工业出版社，2015.5（2022.3重印）
建筑文化与思想文库
ISBN 978-7-112-17927-5

Ⅰ.①建…　Ⅱ.①沈…　Ⅲ.①建筑学—想象学
Ⅳ.①TU-02

中国版本图书馆CIP数据核字（2015）第053628号

责任编辑：何　楠　黄居正
书籍设计：张悟静　康　羽
责任校对：张　颖　姜小莲

建筑文化与思想文库

建筑现象学　第二版
沈克宁　著
　　*
中国建筑工业出版社出版、发行（北京西郊百万庄）
各地新华书店、建筑书店经销
北京京点图文设计有限公司制版
北京建筑工业印刷厂印刷
　　*
开本：787×1092毫米　1/16　印张：9¾　字数：190千字
2016年1月第二版　　2022年3月第四次印刷
定价：46.00元
ISBN 978-7-112-17927-5
　　　（38388）